安晓冬 等 编著

服装设计、裁剪与缝制
一本通

化学工业出版社

·北京·

《服装设计、裁剪与缝制一本通》包括服装设计基础、服装制板与制作基础、服装设计与制作3篇共10章内容，从服装设计与制作相关的基础知识入手，采用图解的形式按照由浅入深的步骤，分门别类地介绍了服装设计到制板、裁剪、缝制的方法与步骤。以第43届世界技能大赛中国代表团制服设计与制作的女裙、女上装、男裤、男上装4个品类作为本书的案例，详细阐述了4个品类服装设计与制作的流程，着重阐述了款式图、效果图的绘制到制板、缝制过程中的重点和难点。

本书图文并茂、内容丰富、通俗易懂、实用性强，适合服装设计、服装工程专业学生以及服装设计与制作爱好者参考阅读，可帮助读者快速掌握从服装设计灵感的把握、效果图与款式图绘制，到服装打板、裁剪与制作的全过程。

图书在版编目（CIP）数据

服装设计、裁剪与缝制一本通 / 安晓冬等编著. ——
北京：化学工业出版社，2018.8 (2021.2重印)
ISBN 978-7-122-32471-9

Ⅰ.①服… Ⅱ.①安… Ⅲ.①服装设计②服装量裁③服装缝制 Ⅳ.① TS941.2 ② TS941.63

中国版本图书馆 CIP 数据核字（2018）第 138678 号

责任编辑：崔俊芳　　　　　　　　　　装帧设计：水长流文化
责任校对：王　静

出版发行：化学工业出版社（北京市东城区青年湖南街 13 号　邮政编码 100011）
印　　装：北京宝隆世纪印刷有限公司
880mm×1230mm　1/16　印张 10　字数 303 千字　2021 年 2 月北京第 1 版第 3 次印刷

购书咨询：010-64518888　　　　　　　　售后服务：010-64518899
网　　址：http://www.cip.com.cn
凡购买本书，如有缺损质量问题，本社销售中心负责调换。

定　　价：69.00 元

前言

《服装设计、裁剪与缝制一本通》有别于一般的服装设计或工艺类书籍，它是模拟一个设计师在专业的环境中，从市场调研和设计方案开始，绘制服装效果图和款式图，设计纸样并裁剪，到将其衣身和部件缝合的全过程，能够引领服装设计师在设计服装款式的同时，考虑面料和后期的制作工艺。另外，熟知和掌握服装制作工艺又能启发设计师的设计灵感，运用不同的制作工艺，实现不同的设计效果。从而将服装设计与制作的三大环节打通融合。

服装设计与制作的三大环节：一是服装设计，根据市场调查和企业品牌战略对产品的要求，服装设计师加上自己对艺术的独特理解，绘制表达创意的服装效果图和款式图；二是打板，也叫结构设计，俗称裁剪，服装打板师根据设计师的款式图和简单的尺寸打板做成纸样，对面料等进行制图后裁剪，为下一步的缝制服务；三是缝制，也叫工艺设计，是一件成品的缝制过程，由服装工艺师设计和完成。

在学校，服装设计、结构设计、工艺设计是完全不同的三门课程甚至三个专业。在企业，服装设计师、打板师与工艺师相互独立、各司其职。这种现象导致刚毕业的学生和初学者不能整体了解服装设计与制作的完整流程，从而不能较好地把握服装设计的深层内涵。笔者结合二十多年的服装学校教学经验，总结各类学员的学习需求，编写了本书。从实用性出发，以零为起点，由浅入深，图文并茂，易学易懂。非常方便学生与企业的设计师、打板师、工艺师参考阅读。

本书共分服装设计基础、服装制板与制作基础、服装设计与制作三大篇，详细介绍了服装设计与服装设计师、服装画绘制、服装设计方案、服装与人体、服装制板基础知识、服装制作基础知识、女裙设计与制作、女上装设计与制作、男裤设计与制作、男上装设计与制作共 10 章内容。

本书有以下几个方面的特点。

第一，各种人体模型可以直接拷贝使用，这也是此书的创新，旨在帮助服装设计爱好者节约大量的人体结构练习时间。

第二，选定完整流程的教学案例。本书以第 43 届世界技能大赛中国代表团制服设计与制作的四个主要品类为案例，清晰完整展现了四个品类从设计、打板到裁剪、缝制的全过程，提供了大量的服装设计、制作过程图片，并在重点或难点环节配以简洁的文字说明。

第三，将服装设计、裁剪与缝制的步骤一步步分解，图文对照，简单易懂，让没有任何基础的学员通过自学就能掌握服装裁剪与缝纫技能，同时也给社会一些需要自学服装技能者提供了一本无师自通的学习教材。

本书由安晓冬、邓秀霞、陈纳新、王锡华、韩学铭、田甜、刘家龙、奚婧编著，邓秀霞审稿。本书在编写过程中，得到了北京市工贸技师学院、优卡（北京）科技股份有限公司以及家人的大力支持，在此一并致谢。

书中如有疏漏或不妥之处，敬请广大读者批评指正！

2018 年春

第一篇

服装设计基础

第三篇

服装设计与制作

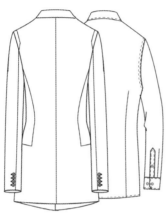

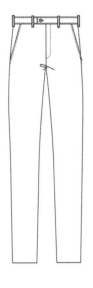

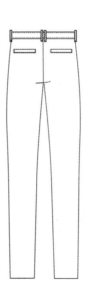

第 10 章
男上装设计与制作 126

第一篇

服装设计基础

第1章 服装设计与服装设计师

学习目标

1. 了解服装的各种相关概念、服装设计的内容及分类。
2. 了解服装设计师工作职责及工作内容。

第1节 服装设计

服装作为东西方每个历史朝代变迁的缩影，反映出不同历史时期的时代背景、生活方式、人文环境、着装习俗、艺术特色等方面的差异。我国服装的发展历史从开始使用苎麻纺纱织布到现在，已经经历了六七千年的历史了。虽然我国的服装样式已经有几千年的历史，但基本形状仍然保持着面料平面剪裁的基本外观，样式的重点更多体现在面料的织造方式、图案和色彩变化上，服装充分表现了道德、伦理、等级的观念。纵观西方的服装发展史，可以看出西方把服装看作是人体的一个重要的组成部分，在服装造型上强调立体空间效果，以立体为本，造型丰富，式样随着时代快速更新。近些年，我国服装设计的方式和方法也在不断地走向成熟，相关的基本概念也与西方趋于一致。

一、服装的相关概念

1. 衣裳

所谓"衣裳"，一方面是上衣和下裳的总称；另一方面是"衣服"的另一种叫法。

2. 服装

所谓"服装"，一方面可以单纯理解为"衣服""成衣"；另一方面深层的含义是指人体着装后的一种状态，体现人、衣服与周围环境之间的关系。

3. 时装

所谓"时装"，是指富有时代感的，在一定范围内和一定时间内流行的服装样式。

4. 服装设计

所谓"服装设计"，是指将服装款式的设想变为现实服装的整个思维过程。"服装设计"是一门综合性的学科，不仅要对服装的款式、色彩、面料、搭配进行构想，更是以人为主体，实施过程中要考虑到人的生活环境、生理与心理因素、流行特点以及生产过程中相关的技术性问题。

设计服装时要考虑以下五个因素。

（1）**何人（who）** 首先要考虑为什么人设计服装。由于每个人的气质特征、文化修养、社会地位、对待生活的态度、职业范围和经济条件的不同，对服装的要求也不同。

（2）**何时（when）** 其次要求考虑是什么时间穿的服装。一般来说，有两种情况：一种是季节的不同，即春、夏、秋、冬；另一种是白天或晚上的不同，白天有晨衣或晨礼服，晚上有小礼服、晚装等。

（3）**何地（where）** 是指什么地点和环境下穿的服装。地点是指办公室、咖啡厅、宴会厅等；环境是指地理环境，如南方、北方等。

（4）**为何（why）** 是指为什么穿。由于着装的目的和用途不同，穿着者对服装样式的要求也是不同的，如表演服、接待外宾、出游等，在着装上应分开处理。

（5）**是什么（what）** 字面的意义就是指在不同的场合下，要分析着装者着装的目的是什么？是希望得到别人的认可，以期满足被认同、被爱的心理需要还是什么？

只有弄清楚这五个要素，设计制作的服装才会更加符合着装者的需求。

5. 服装结构设计

服装结构设计，是指从造型艺术角度去研究、探讨人体结构与服装款式之间的关系。服装结构设计的任务就是要把服装设计效果图中所表现的新款服装物化、量化，将新款服装的各个衣片及内部各种关系用图示表达出来。服装结构设计又称为"服装纸样设计"，解决服装结构设计的实际操作称为"服装裁剪技术"。

二、服装设计的流程

服装设计的流程是一个复杂、完整的设计与工艺相结合的过程。服装设计是对人的整体着装状态理念的表达，它需要运用形式美的规律，将设计师的创意构思先用绘画的形式表达出来，再通过制作工艺手段将其转成成衣的创造性行为。服装设计可分为艺术类和实用类两类。所谓艺术类是指注重创意艺术的表现形式、注重艺术感染力的概念性设计；而实用类是指关注人体工程学，注重功能性、实用性，关注目标市场需求的商业化的设计。不管哪种类型设计均离不开"造物"的目的——满足人的需求，这是服装设计的本质。

服装设计的基本流程是要在设计师先期明确设计灵感后，通过市场调研、流行趋势调研及系统分析，再经过一系列的设计程序才可完成，需要独立思考和团队合作，需要设计与工艺制作的紧密结合才能实现。

需求引发设计的动机，动机带动行为，通过各个实施环节的行为实现目标，最终以物质形式体现为服装设计的基本流程。即服装设计师根据目标消费群体的需求进行创意构思，完成概念版、绘制产品结构图、服装设计效果图、款式图，根据概念版中图片表达的创意思维的内涵，组织实施制板、样衣制作，完成成品展示后交付给客户，最终实现完整服装设计的全过程（图 1-1-1 ）。

1. 服装设计流程的关键要素

一是创意设计的效果图表达；二是制板；三是面辅料的选择；四是制作工艺的技术水平。这四点是服装设计流程的关键要素。

2. 服装设计团队人员结构

一般来说，服装设计团队是由服装设计师、服装制板师、服装工艺师三个部分组成。团队成员要明确成员职责、成员分工和工作流程，主要职能进行细化分解。

三、服装设计的原则

服装首先必须具备保暖御寒、舒适透气等实用性功能，其次必须具备人的精神层次上对于服装审美、创意功能的需求。

1. 服装设计的实用性

服装是人类生活的必需品，在服装的实用性中，除要求具有一般的遮盖作用外，还应具有一些特殊的功能性及适应性。功能性包括防暑隔热、防寒保暖、舒适透气、安全防护、抗老化、耐久性、标志性等。服装的适应性在国际上通常用"T．P．O"三原则表示，即 Time（时间）、Place（地点）、Object（着装者）。服装设计首先要考虑穿着者年龄、性别、体型、职业、信仰等特点，其次要考虑不同的场合，还要考虑不同的时间、季节的差异，选择合适的面料进行款式设计及服饰搭配。

2. 服装设计的创意性

服装设计的创意性是指在设计构思的形式和内容上体现"新、奇、特"，忽略实用功能，突出个性风格，属于艺术品。艺术来源于生活，但不等同于生活，服装的创意性更多的具有欣赏价值，穿着的实用价值较弱。但透过创意性服装的表现形式观其内涵，它往往引领潮流，又或者隐含着更加巨大的商业实用价值。

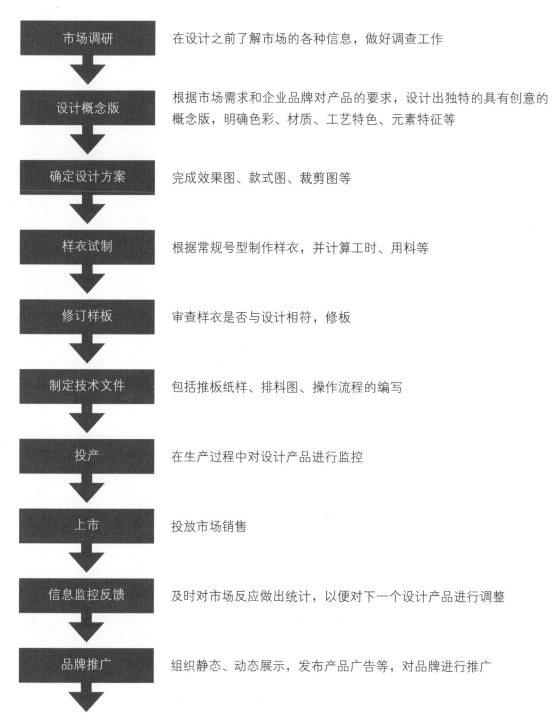

市场调研	在设计之前了解市场的各种信息，做好调查工作
设计概念版	根据市场需求和企业品牌对产品的要求，设计出独特的具有创意的概念版，明确色彩、材质、工艺特色、元素特征等
确定设计方案	完成效果图、款式图、裁剪图等
样衣试制	根据常规号型制作样衣，并计算工时、用料等
修订样板	审查样衣是否与设计相符，修板
制定技术文件	包括推板纸样、排料图、操作流程的编写
投产	在生产过程中对设计产品进行监控
上市	投放市场销售
信息监控反馈	及时对市场反应做出统计，以便对下一个设计产品进行调整
品牌推广	组织静态、动态展示，发布产品广告等，对品牌进行推广

图 1-1-1 服装设计的流程

第 2 节　服装设计师

所谓"服装设计师"，是指对服装外轮廓线条、面料色彩、面料质地、空间造型等进行艺术表现和结构造型的人，他们用服装设计效果图和款式图来表现服装设计主题思想和创意构思。他们可以是企业的经营者，也可以是被企业聘用的人员，当然也可以是自由职业人，服装设计师最重要的工作就是创意构思。

一、服装设计师的工作职责

①负责管理某品牌产品的设计方向。

②通过各种媒体和服装秀现场活动收集流行信息。包括服装流行主题、服装流行色、服装面料及服装服

饰品流行信息等。组织或参与目标区域的市场调研、购物中心调查、目标品牌的调研、撰写市场调研报告等。

③ 结合市场调研结果和流行资讯，与设计总监共同确定产品开发主题和项目开发计划书，确保设计满足公司产品的市场定位。

④ 调整并明确设计思路，确定面料、辅料，按规定时间确定产品系列设计图稿。

⑤ 与制板师沟通服装设计意图及主题，控制样衣剪裁板型和制板进度。

⑥ 协调制板师和样衣工的工作，控制样衣制作的工艺方法和质量。

⑦ 样衣完成后，参与样衣板型的调整，制定样衣制作工艺修改方案。

⑧ 组织服装主题设计的初审会和内审会，共同确定调整方案，跟进制板和样衣制作工作，确保样衣符合整体服装设计主题的效果。

⑨ 参加产品订货会，听取市场人员和代理商的意见和建议，为下一次服装设计开发做好准备。

二、服装设计师的工作内容

1. 收集信息

搜集服装设计相关信息，组织或参与市场调研。调研对象涵盖面辅料市场、成品的销售市场、同类产品目标品牌市场、消费者需求等，调研内容涵盖产品类别、产品价格、产品预估成本、产品销售量、产品预计利润等。

2. 确定产品结构

为了便于打品牌的知名度、符合目标消费群体的需求、便于组织生产，品牌服装在一定时期内的产品结构和主题风格会保持不变或相对稳定。服装设计师在每一季需要根据流行趋势和调研分析确定本季的产品结构及设计主题，包括服装外轮廓造型、制作工艺、面辅料材质及色彩、服装配饰等。

3. 绘制并确定系列设计图稿

在明确了产品结构和主题风格后，设计师创新设计，绘制系列设计主题的服装效果图，效果图多体现的是创意风格和气氛，是初级方案。设计师在明确了元素的细节、面辅料材质、色彩、制作工艺、产品工艺结构后，绘制产品结构图、款式图，用这些图做进一步详细且清晰的描述，把设计构思直观地表现出来。

4. 组织设计作品审评会

设计师绘制并确定系列设计图稿后，应组织销售部门、技术部门、财务部门、目标消费群体代表等参与设计作品评审会，通过评审打分进行设计作品评价，分析确定最佳的设计方案。设计师需要根据评审会的修改意见，修改完善设计方案，确保本季系列设计作品符合目标市场需求。

5. 样衣制作

确定了最佳的设计方案，就需要进入样衣制作阶段，由样衣师按照设计师确定的板型、款式、制作工艺等要求制作样衣，同时还需考虑批量生产的工艺和成品熨烫环节要求。样衣制作完成后需要组织样衣作品复审会，进一步审查设计方案，并计算工时，安排工序，为批量组织车间生产提供重要的依据，并经主管认可后交付批量生产。

6. 批量生产

按照设计方案，工艺师制订合理的工艺流程，预测设计产品交付完成日期，合理分配工时，在生产车间规范进行组织成品的批量生产，保质保量完成批量生产任务，批量生产完成后检验合格并投放目标市场。

习题

1. 叙述服装设计师的工作职责以及内容。
2. 什么是服装设计的 T.P.O 原则？如何在实践中加以运用？

学习目标

1. 了解服装画绘制工具。
2. 掌握服装人体模型绘制流程。
3. 初步尝试服装款式图绘制。
4. 初步尝试服装效果图绘制。

第 1 节　服装画绘制工具

服装设计师必须熟练掌握服装效果图的绘制技巧，因为这是设计师表现服装设计理念的必要手段之一。服装效果图是对作品的设计理念较为具体的表现，它是在草图的基础上对设计师的创意构思进一步完善，服装效果图比成衣、比模特的着装效果更具典型性和创新性，更加强调服装设计的风格及特征。服装效果图在款式的表达上更加清晰，色彩更加明确，面料质感、纹样刻画更加具体或更具表现性。它可采取写实、写意或装饰等绘画风格来进行表现。

服装效果图需要使用适宜的绘制工具进行绘制，那么常用的服装效果图绘制工具是什么？使用过程中有什么技巧？本节全面介绍以下常用的服装画绘制工具。

1. 原木铅笔

原木铅笔是指以精选的木材为原料加工制作的铅笔。原木铅笔最大的特点是采用优质原木笔杆，全身没有一点油漆。目前有 12B 至 6H 的铅笔，后缀为 "B" 的是软铅，软铅一般铺大调子时使用，能很快铺满背景色调，拉开亮部和暗部色差，轻松地营造画面的空间关系；以 "H" 为后缀的为硬铅。通常以软铅铺调打底画深色，以硬铅排线做深入刻画，遵循先使用软铅后使用硬铅的顺序进行。如果先使用硬铅再使用软铅，软铅就无法进行深入刻画（图 2-1-1）。

2. 自动铅笔

自动铅笔按铅笔的笔芯直径分为粗芯（大于 0.9mm）和细芯（小于 0.9mm）。按出芯方式，可分为坠芯式、旋转式、脉动式和自动补偿式。自动铅笔一般在绘制服装效果图草图时使用，多选择细芯 0.5mm 或 0.3mm 的铅芯（图 2-1-2）。

图 2-1-1　原木铅笔

图 2-1-2　自动铅笔

3. 橡皮擦

橡皮擦是一种用来消除铅笔写字痕迹用的工具。常用的橡皮擦有白色橡胶橡皮和可塑橡皮两种，主要是清除错误的线条。白色橡胶橡皮比可塑橡皮清除能力强。可塑橡皮可用来快速清除表面发亮的铅印，再使用白色橡胶橡皮清除干净。

此外，把白色橡胶橡皮用刀切成尖角，可以用来提亮或刻画小细节，还可以排出白色的反线条。可塑橡皮可用来擦去大面积画过头的色调，使色调过渡自然（图 2-1-3）。

4. 勾线笔

勾线笔线条较细，用于绘画创作。多为狼毫勾线笔，笔头有大小长短之分。勾线笔适用于勾画衣服的外边和衣服的结构线、头发、眼睛等的细节（图 2-1-4）。

5. 彩色铅笔

彩色铅笔简称彩铅，是一种简易的涂色工具，画出来的效果以及外轮廓都类似于铅笔。颜色多种多样，一般有 12 色、24 色、36 色、48 色等彩色铅笔套盒。画出来效果较淡，清新自然。用橡皮擦可减淡色调，具有透明度和色彩度，可通过颜色的叠加呈现不同的颜色和不同的画面效果。

一般彩色铅笔分为两种，一种是水溶性彩色铅笔（可溶于水），它的笔芯遇到水后，能够溶解于水，使颜色晕染开，呈现像水彩般透明的效果；另一种是普通的彩色铅笔，其笔芯不能溶于水。我们一般市面上买的大部分都是不溶性彩色铅笔。普通的彩色铅笔还可分为干性和油性（图 2-1-5、图 2-1-6）。

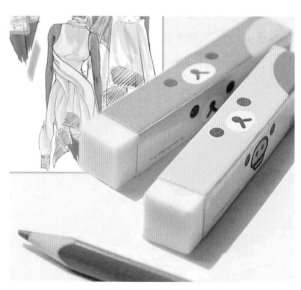

图 2-1-3 橡皮擦

图 2-1-4 勾线笔

图 2-1-5 不溶性彩色铅笔

图 2-1-6 水溶性彩色铅笔

6. 马克笔

马克笔又称麦克笔，多被用来快速地表达设计者的创意构思，绘制设计效果图。麦克笔有单头和双头两种，它是一种专用的绘图彩色笔，一般有坚硬的笔头和笔盖，含有墨水。马克笔通常分为水性、油性和酒精性三种。水性马克笔一般颜色亮丽且有透明的感觉，但多次叠加颜色后，会伤纸且色彩会变灰；油性马克笔耐水、快干、耐光性能好，颜色多次叠加不会伤纸，整体感觉柔和；酒精性马克笔可在任何光滑表面书写，防水、速干、环保（图 2-1-7）。

7. 水彩及水彩笔

水彩一般称为水彩颜料。水彩的透明度较高，几种色彩重叠时，下面的颜色会反透上来。水彩的色彩鲜艳度不如彩色墨水，但着色较深，即使长期存放也不易变色。按制作工艺进行划分，水彩颜料一般有四种：管装膏状水彩颜料、瓶装液体水彩颜料、干水彩颜料片、湿水彩颜料片。画水彩用的毛笔为水彩笔，笔尖部有笔毛，笔毛吸水量大，笔杆可以为不同种材料所制作（图 2-1-8）。

8. 水粉及水粉笔

水粉又称广告色，是不透明水彩颜料。水粉由粉质的材料组成，用胶固定，覆盖性比较强，大面积上色时比较容易绘制均匀。水粉笔是绘制水粉所用的专用笔，水粉笔的笔杆多为木、塑料及有机玻璃等材质，笔头多为羊毛或化纤材质。羊毛笔多为白色，适合薄画和湿画法。化纤笔较硬，笔头有多种颜色，但多为棕色，适合干画和厚画法（图 2-1-9）。

图 2-1-7　马克笔

图 2-1-8　水彩及水彩笔

图 2-1-9　水粉及水粉笔

9. 针管笔

针管笔能绘制出均匀一致的线条。笔身是钢笔状,笔头是长约2cm的中空钢制圆环,里面藏着一条活动细钢针,上下摆动针管笔,能及时清除堵塞笔头的纸纤维。针管笔绘制的图纸可更好地阐明设计意图,加深人们对设计的理解与认同(图2-1-10、图2-1-11)。

10. 纸张

纸张一般使用素描纸、水彩纸、水粉纸、白卡纸、色卡纸、底纹纸等。

(1)**素描纸** 纸较厚,纸面纹理粗糙,纸质密实,易擦拭修改(图2-1-12)。

(2)**水彩纸** 是一种专门用来画水彩的纸,吸水性比一般纸要高,纸张较厚,克重较重,纸面的肌理也比较突出,不易起毛球或破裂,韧性较强(图2-1-13)。

(3)**水粉纸** 纸张吸水性能更强,且纸张较厚,纸的表面有圆形的凹凸,表面呈现凹下去的圆点坑是正面。

(4)**白卡纸** 通常采用100%的漂白木浆制成,比较厚实且坚挺,可经过压纹处理成印花纹路(图2-1-14)。

(5)**色卡纸** 一般可通过对白卡纸的浆料进行染色,就可产出不同种颜色的色卡纸。色卡纸能显示丰富的色调变化,由于纸的质地比较厚实、坚挺,可以反复修改和细致刻画(图2-1-15)。

图 2-1-10 针管笔

图 2-1-11 针管笔及绘制的图纸

图 2-1-12 素描纸 　　图 2-1-13 水彩纸

图 2-1-14 白卡纸

图 2-1-15 色卡纸

（6）**底纹纸** 是指有纹路的色卡纸（图 2-1-16）。

图 2-1-16 底纹纸

第 2 节 服装人体绘制

一、服装人体比例

时装画中所说的人体比例不是一般绘画中人体比例的概念，因为时装效果图是需要表现某些创意和突出的特点，所以比现实中的人体比例要更理想化。因此，为了呈现最理想的视觉效果，作为时装画的人体比例就比较夸张。

时装画中人体的比例一般是以头部的长度（简称"头高"）为单位的，通常身高是8.5 个头高以上。服装画中的夸张并不是均等地将人体拉长，而主要是适当加长下肢，形成以腰为分割点的上短下长的比例，这样不仅使设计整体悦目，还更具动态、节奏和力度。部分部位也随之夸张，如颈部、上肢的长度，手与脚的姿势，胸、腰、臀部的曲线等，使人体看起来更加修长。

下面，我们以 8.5 头身的全身比例作为标准，来分析人体各部分之间的关系（图2-2-1）。

第一头高：自头顶至下颌底。

第二头高：自下颌底至乳点以上。

第三头高：自乳点至腰部。

第四头高：自腰部至耻骨联合处。

第五头高：自耻骨联合处至大腿中部。

第六头高：自大腿中部至膝盖。

第七头高：自膝盖至小腿中部。

第八头高：自小腿中部至踝部。

第八头半高：自踝部至地面。

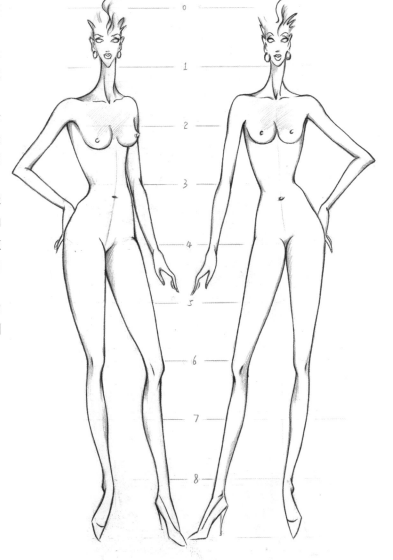

图 2-2-1 人体比例

二、服装人体模型绘制步骤

服装画人体模型的绘制步骤如下。

第1步，用铅笔打稿。按照时装画比例分配绘制人体模型动态及外轮廓造型（图 2-2-2）。

第2步，绘制重心。用铅笔绘制人模重心线和人模的初步明暗色调（图 2-2-3）。

第3步，用马克笔绘制人体基础色调。用棕灰色马克笔绘制人体模型的色调，体现人体模型的明暗关系（图 2-2-4）。

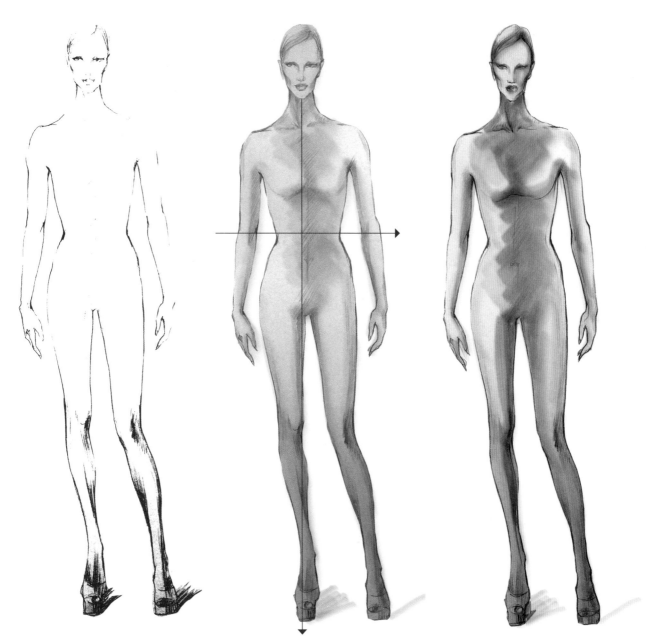

图 2-2-2　用铅笔打稿　　　　图 2-2-3　绘制重心　　　　图 2-2-4　用马克笔绘制人体基础色调

第4步，完成人体模型。勾外轮廓线和内部人体结构线。注意，外轮廓线要有顿挫，同时要比人体内部结构线条粗些（图2-2-5）。

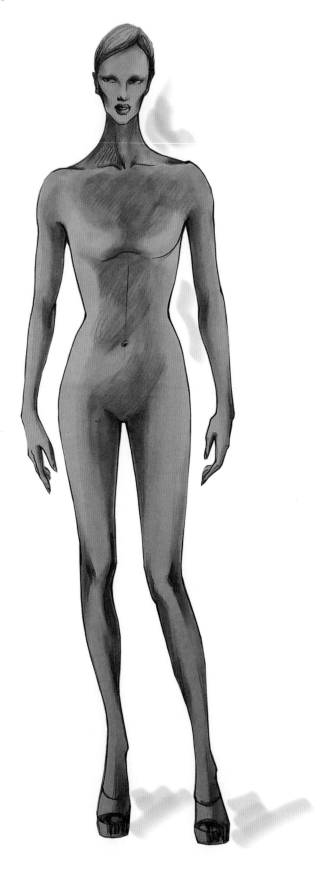

图 2-2-5　完成人体模型

　　第5步，拓展。整理好单个的人体模型图后，可根据画面的安排，复制所绘制的人体模型，选定构图各个人体模型所在的位置（图2-2-6）。

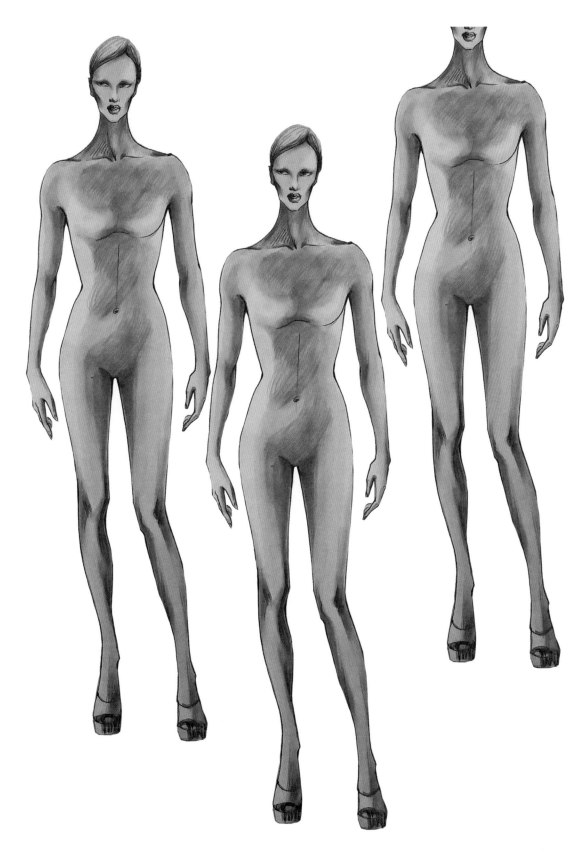

图 2-2-6　拓展人体模型

第3节　服装款式图绘制

一、服装款式图的定义与绘制目的

服装款式图是设计效果图的补充和说明，常应用于日常服装设计订单中，是注重服装工艺的一种服装设计表达方法。

绘制的目的是将服装设计稿中表现不够清楚的部位结构图，具体、准确、清晰地表现出来。服装款式图一般需要绘制正面和背面，如有特殊的侧面局部结构设计细节，还需要绘制侧面图。服装款式图需要采用较为工整规范的线条。

二、服装款式图绘制基本流程

绘制基本样式 ➡️ 绘制款式图外轮廓 ➡️ 绘制款式图结构线及设计细节 ➡️ 整理。

三、服装款式图的表现方法

1. 线描的表现技法

线描具有极强的表现力，不仅能够使服装的结构清晰地表现出来，还能够通过线条本身表现服装材料的质感，是表现服装款式最常见的、最基本的方法。

2. 色彩的表现技法

概括地用颜色进行服装色彩的表现。

3. 电脑的表现技法

使用电脑软件刻画服装款式图是现在逐步兴起并流行的一种方法，它不仅能方便服装设计、生产与管理，同时还方便信息的宣传和图片重组。

四、服装款式图的绘制步骤

第1步，绘制基本样式。打开 AI 文件，新建图层；在操作界面视图中点击显示标尺，拖拽参考线到图层中间位置；以参考线为中心线，按照比例尺度画出服装的右半边外轮廓。画外轮廓时用钢笔工具，描边线采用1磅，基本样式。外轮廓画好后调整比例尺度和袖型，力求简洁明了、舒适自然（图2-3-1）。

第2步，绘制款式图结构及细节。添加右半边服装款式的结构线和口袋、领型细节，根据实际情况，线迹可采用0.75磅，绘制内部结构线时要体现出结构线准确的分割位置（图2-3-2）。

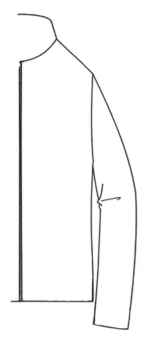

图 2-3-1　第1步（绘制基本样式）

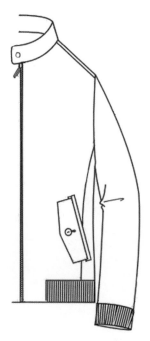

图 2-3-2　第2步（绘制款式图结构及细节）

第 3 步，绘制车线迹细节。款式结构添加完成后，对车线工艺进行标注，线迹采用虚线 0.5 磅左右，线迹间距在窗口描边中进行设置（图 2-3-3）。

第 4 步，复制另一半并整理完成。填充完成后，采用选择工具对右半边进行勾选，点击右键进行垂直复制，拖拽到左侧，然后调整门襟细节，这样整个对称的正面款式图就完成了，整理结构线和外轮廓线，使其顺滑和圆润（图 2-3-4）。

第 5 步，绘制背面款式图。参考正面款式图的比例尺度，然后更改款式结构线即可；内里款式根据服装类型进行款式设计和样式描绘（图 2-3-5）。

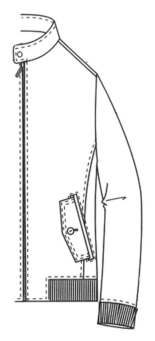 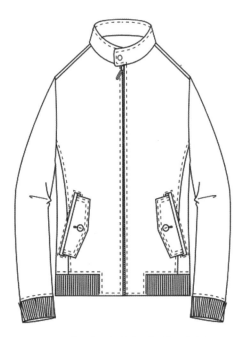

图 2-3-3　第 3 步（绘制车线迹细节）　　　　　　　　图 2-3-4　第 4 步（复制另一半并整理完成）

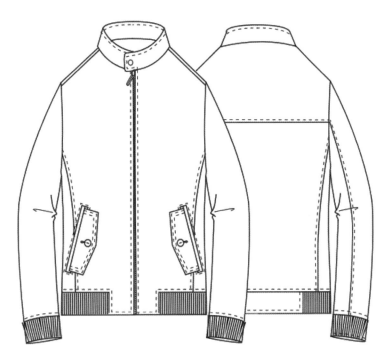

图 2-3-5　第 5 步（绘制背面款式图）（作者：刘家龙）

五、服装款式图拓展

款式图拓展如图 2-3-6 所示。

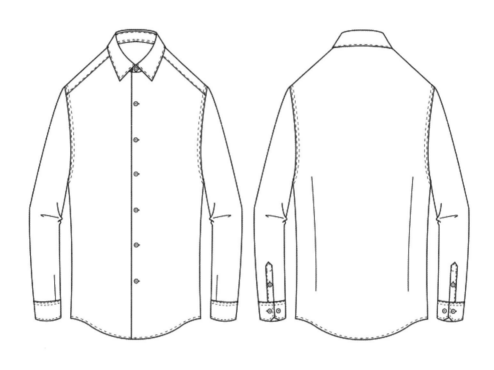

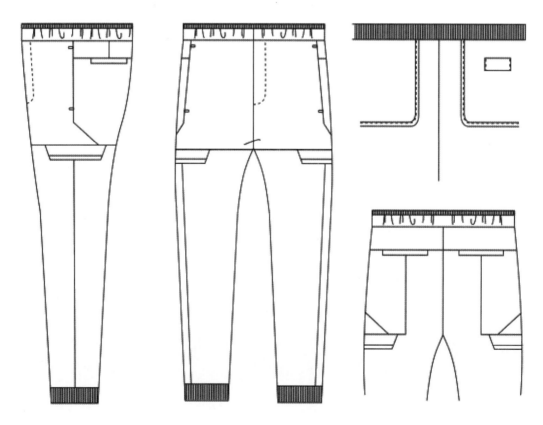

图 2-3-6

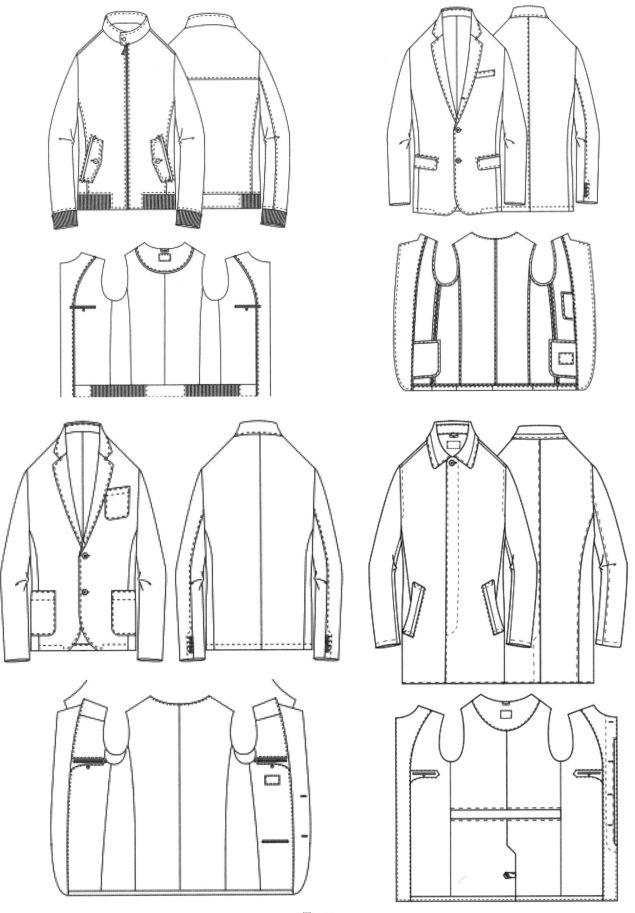

图 2-3-6

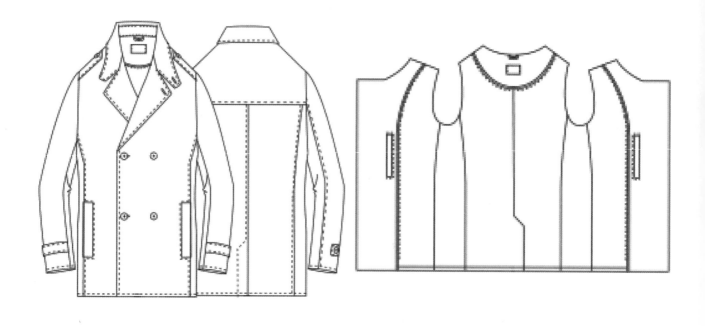

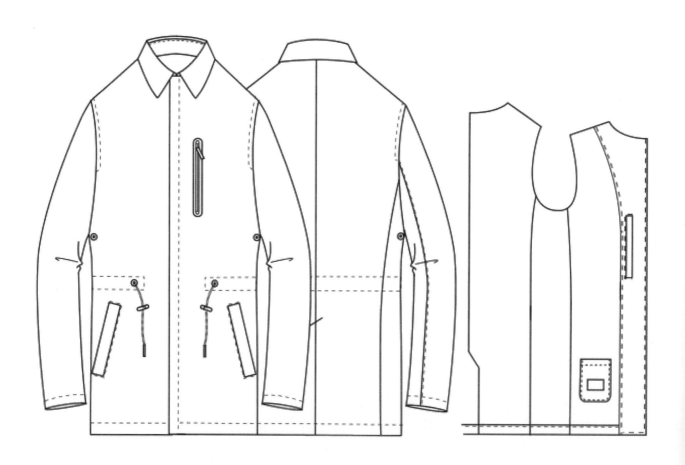

图 2-3-6

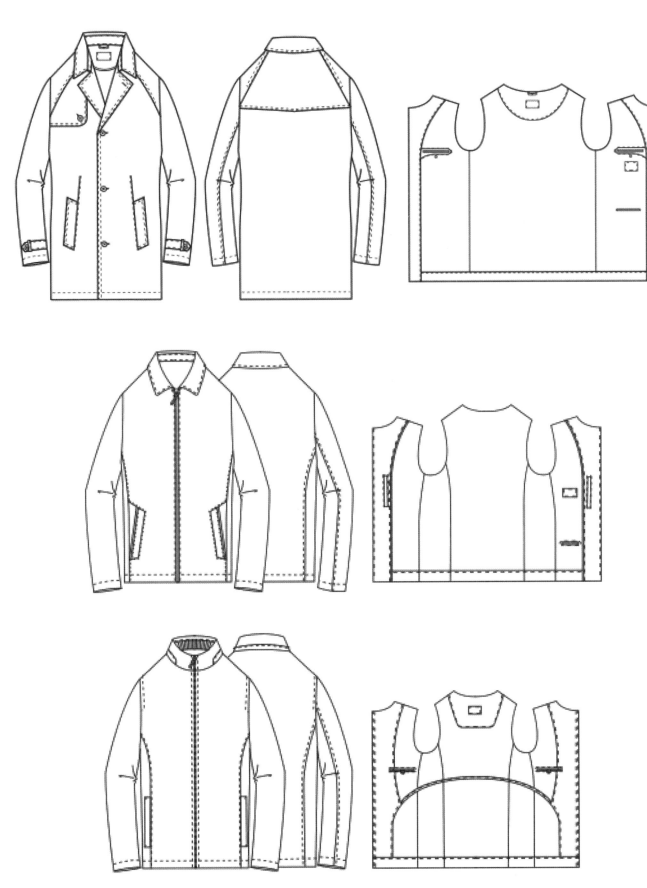

图 2-3-6　款式图拓展（作者：刘家龙）

第4节　服装效果图绘制

一、服装效果图的定义与绘制目的

　　服装效果图又分为艺术性时装（服装）画和实用性时装（服装）效果图两类。时装（服装）画体现艺术欣赏性，比时装（服装）效果图更注重烘托气氛，表现服装设计的艺术风格，可应用在服装广告画、宣传、插画等方面，这种艺术化的服装效果图越来越被人们所重视，它的功能不断扩大，表达的形式与方法也不断增多。时装（服装）效果图是实用性的，充分表达服装的设计结构、面辅料的体现，模拟服装制作完成后的着装效果，相对来说比较简单，手法比较单一，主要体现设计制作的关键环节或内容，是体现人体着装效果的图。服装效果图通常包括人体着装图、设计主题或构思说明、采用的面料及辅料的小样等。服装效果图一般比服装本身更典型，更能反映服装的设计风格与特征。

　　服装效果图的绘制目的是指用艺术的手法呈现人体穿着所创新设计的服装后的效果，包括款式、色彩搭配、面料材质、创意环境、创新理念等的体现。

二、服装效果图绘制基本流程

　　绘制（选定）人体模型──→ 绘制基本款式──→ 确定色彩、面料、辅料──→ 绘制材质效果──→ 勾外轮廓及结构（细节）线──→ 贴面辅料小样──→ 整理画面整体效果。

三、服装效果图的绘制步骤

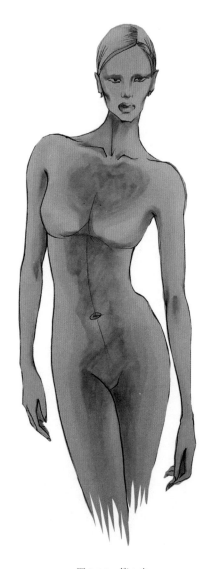

　　第1步，绘制人模图。先画单个人模图，再复制所需的人模数量（图2-4-1）。

图 2-4-1　第1步

第 2 步，整理。用马克笔绘制整体人模
投影，使其具有立体感，同时增加画面的整
体效果和统一的气氛（图 2-4-2）。

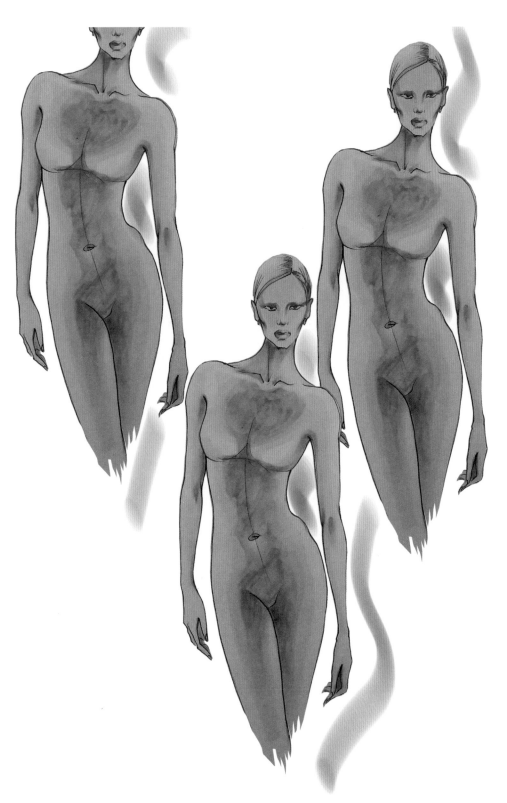

图 2-4-2　第 2 步

第 3 步，绘制基础款式图。在人模图上覆盖 A4 纸，在 A4 纸上绘制服装设计系列款式图（图 2-4-3）。

图 2-4-3　第 3 步

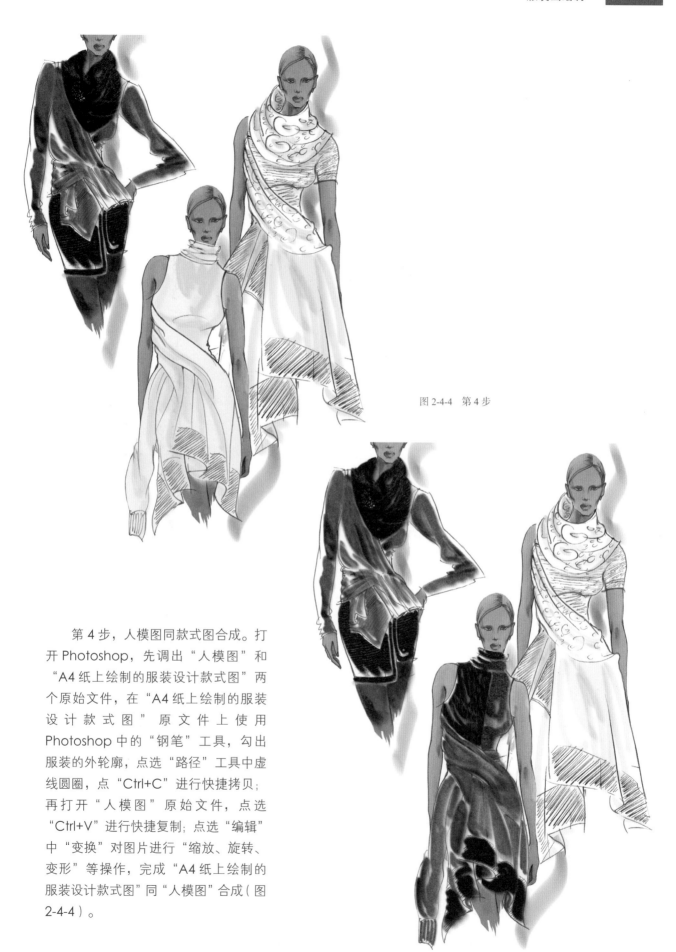

图 2-4-4　第 4 步

第 4 步，人模图同款式图合成。打开 Photoshop，先调出"人模图"和"A4 纸上绘制的服装设计款式图"两个原始文件，在"A4 纸上绘制的服装设计款式图"原文件上使用 Photoshop 中的"钢笔"工具，勾出服装的外轮廓，点选"路径"工具中虚线圆圈，点"Ctrl+C"进行快捷拷贝；再打开"人模图"原始文件，点选"Ctrl+V"进行快捷复制；点选"编辑"中"变换"对图片进行"缩放、旋转、变形"等操作，完成"A4 纸上绘制的服装设计款式图"同"人模图"合成（图 2-4-4）。

　　第5步，具体刻画细节。使用"画笔"工具，点选需要颜色和画笔种类，选择合适的画笔大小，点选"不透明度"数据及"流量"数据，进行绘制。也可以用"图章"工具，打开选用的面料照片或扫描图片，在面料图片上点"Alt"+"图章"进行复制，再打开绘制的效果图，选好合适的笔的大小，点"图章"使用画笔的方法进行绘制，就形成了在效果图画面上用实际的面料进行覆盖，使两张图更加完美地结合，烘托气氛，体现风格，就形成了较为完整的服装设计效果图（图2-4-5）。

图2-4-5　第5步

第 6 步，整理。使用 Photoshop 中的"图章"工具，按住"Alt"+
选中的服装设计款式局部需要复印的图像进行复制；点选"不透明度"
数据及"流量"数据进行绘制，按住"空格"键 + 鼠标进行拖动，在中
心位置盖章复制选中的服装设计款式（图 2-4-6）。

图 2-4-6　第 6 步

四、服装局部设计效果图

领子、袖子、细节等局部设计效果图如图 2-4-7 所示。

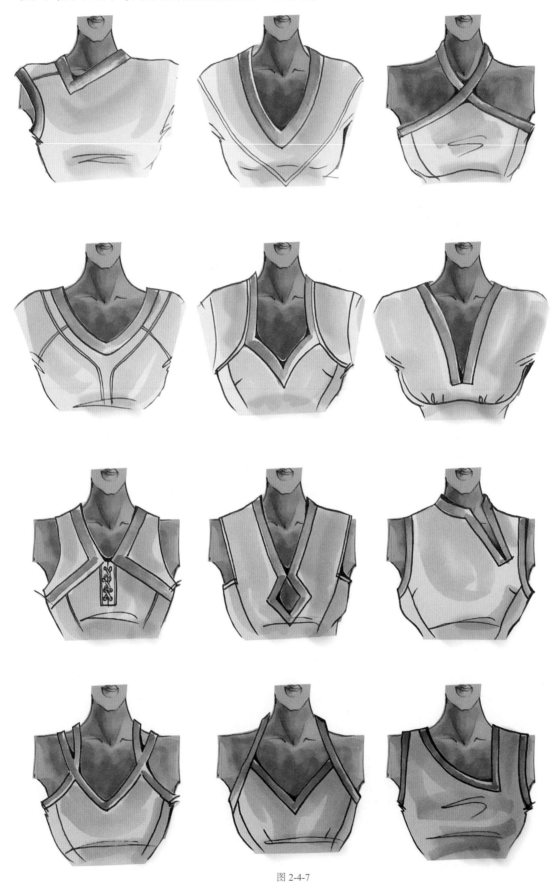

图 2-4-7

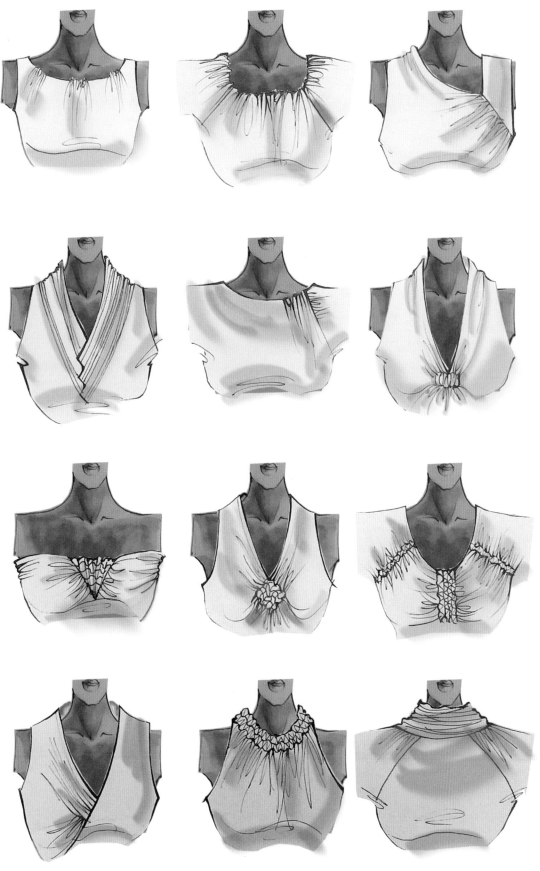

图 2-4-7

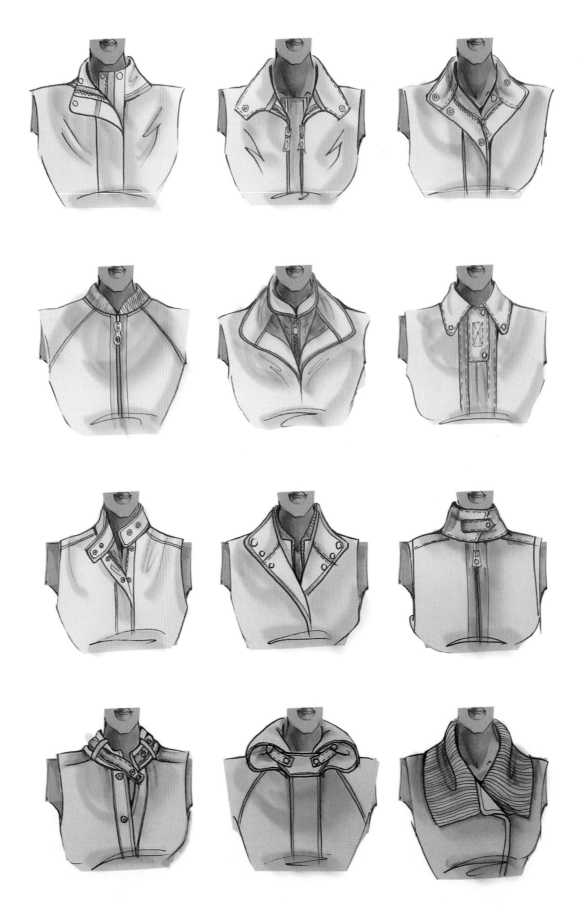

图 2-4-7

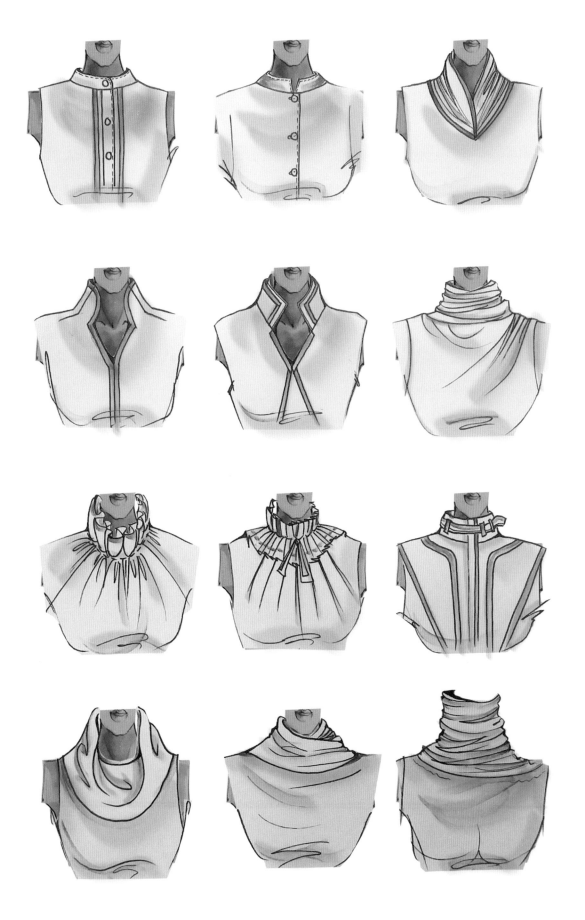

图 2-4-7

图 2-4-7

图 2-4-7

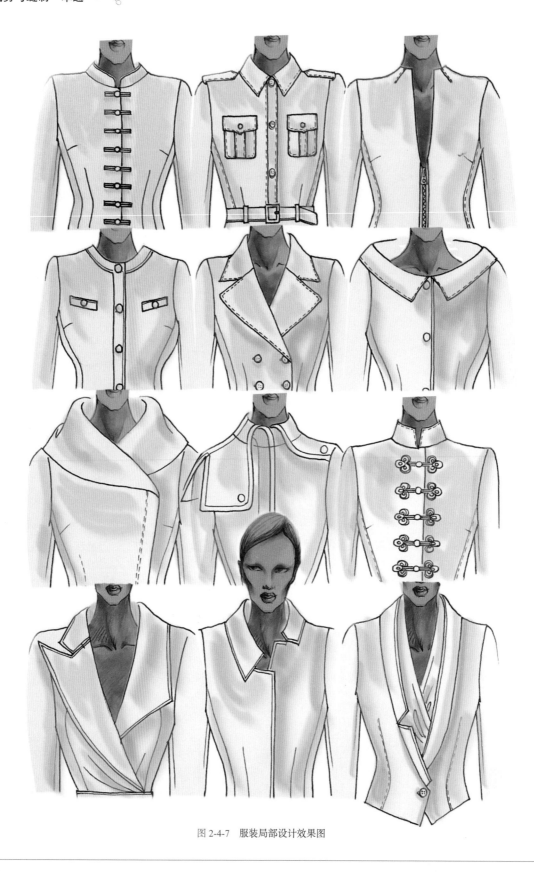

图 2-4-7　服装局部设计效果图

习题

1.临摹款式图 1 款。

2.临摹绘制效果图 1 款。

第 3 章　服装设计方案

学习目标

1. 了解服装设计灵感来源。
2. 学会灵活应用市场调研方法，梳理调研分析数据。
3. 初步尝试一个主题服装设计方案的确定。

第1节　服装设计方案的来源

一、服装设计灵感来源

在服装设计中，服装设计师基于对日常生活的观察、分析和研究，依托当年的流行趋势预测等，充分发挥自我创新和想象的作用，挖掘灵感的来源，围绕中心设计理念，采用各种表现方法和手段，形成主题设计的概念。

灵感来源有多个方面，服装设计师会从各个方面吸收、提取设计灵感。

（1）从各大时装周活动中了解当季流行信息　结合时尚和细节，从设计风格定位、未来的流行趋势分析出发，将设计灵感雏形进行整理和分析，设定款型，选定面料，定义服装设计风格，确定板型、裁剪方法和加工工艺。

（2）设计灵感来源于艺术　艺术源于生活，从生活中产生灵感，在生活中分析和提取设计灵感。

（3）天马行空的疯狂想法　无论何时何地，突然找到一种感觉，追随感觉去做创新、创意设计。

二、服装市场调研

在市场调研及分析阶段，首先要明确调研的目的，选定调研的方法，确定调研的时间及地点，制定调研方案并按照方案开始进行调研。调研之后，最重要的是调研分析，把调研的结果进行系统的分析，从而梳理出确定的设计风格定位，选定面辅料，确定设计元素。

（一）调研方法

市场调研是多种多样的，可采取市场观察、与服装工作者交流、参加各类活动（如服装博览会、服装发布会）、收集资料等形式，采取适合的调研方法进行（表3-1-1）。

表 3-1-1　调研方法的种类及特点

序号	种类	定义	特点	备注
1	文献分析法	主要指搜集、鉴别、整理文献，并通过对文献的研究，形成对事实科学认识的方法	一般用于收集工作的原始信息，编制任务清单初稿	
2	调研分析法	对国内外不同地区、行业或专业协会，选定市场和目标品牌企业进行调研，对调研的市场和目标品牌企业情况进行数据比对和分析	重点在于数据的分析和比对	一般较为常用
3	问卷调研法	也称问卷法，是调查者采用统一设计的问卷向被选定的调查对象征询意见的方法	问卷法的运用，关键在于问卷编制的问题、调研对象的选取及调研结果统计分析	研究者将所要研究的问题编制成问题，以问答或表格划√形式体现，以当面作答或者邮寄等方式填答
4	访谈法	又称晤谈法，是指通过访员和受访人面对面地交谈来了解受访人的心理和行为的心理学基本研究方法	因研究问题的性质、目的或对象的不同，访谈法具有不同的形式，可采访个人或团体，应针对不同层次的人群	

续表

序号	种类	定义	特点	备注
5	样品实践研究法	是指以设计实验作为有力的论据，将分析研究出的关键设计概念的基本理论及特征、采取适合的设计制作的方法运用到设计样品实践中，在样品设计实践中进一步试验、论证研究的结论，为目标品牌的系列设计提供可借鉴的、有创新设计依据的方法	综合各种传统工艺或者创新技术，提出多个设计制作方案，结合成本利益以及生活定位，选择适宜的设计制作方案，对样品实践进行总结归纳	
6	归纳总结法	归纳总结法是通过对实践活动中的具体情况，进行归纳与分析，使之系统化、理论化、上升为经验的一种方法	采取实践—总结—再实践—再总结归纳的流程进行	此方法是长期运用的较为行之有效的方法之一

（二）调研的实施

调研的实施步骤如下。

① 明确调研的目的。

② 确定调研的方法。

③ 制定调研方案，明确调研开展的时间及阶段安排，确定调研的区域及地点，成立调研小组，明确具体项目的责任人及工作任务分工，制定相关的调研提纲或调研问卷，做好调研前期的准备。

④ 组织开展调研。

⑤ 调研数据统计。

⑥ 调研结果比对及分析。

⑦ 形成调研结论。

第 2 节　服装设计方案的实施

这是在调研及分析的基础上确定概念版，并按产品要求（美学、技术与经济方面）绘制设计图的阶段。

一、绘制概念版

概念版涵盖设计主题及设计思想概述，表达设计主题的风格图片、元素图片及细节表现，同时涵盖选定的服装设计色彩。图 3-2-1、图 3-2-2 是第 43 届世界技能大赛中国代表团制服的设计概念版。

图 3-2-1　概念版——概念版释义

图 3-2-2 概念版——色彩提取释义

二、明确系列产品结构

概念版绘制后要明确系列产品结构（图 3-2-3）。

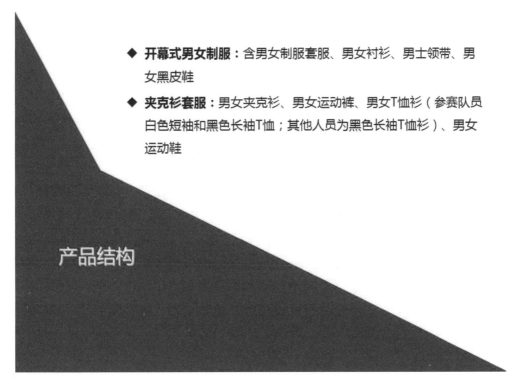

- **开幕式男女制服**：含男女制服套服、男女衬衫、男士领带、男女黑皮鞋
- **夹克衫套服**：男女夹克衫、男女运动裤、男女T恤衫（参赛队员白色短袖和黑色长袖T恤；其他人员为黑色长袖T恤衫）、男女运动鞋

图 3-2-3 确定产品结构

三、绘制设计图

设计图包括草图、效果图和款式图。

首先绘制草图，在绘制草图时标注设计特点及工业细节（图3-2-4）。

其次绘制效果图，在绘制效果图时，表现服装设计制作完成后，着装者实际穿着的效果（图3-2-5～图3-2-9）。

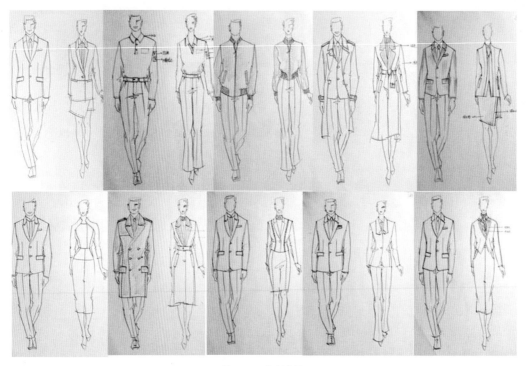

图 3-2-4　绘制草图

图 3-2-5　手绘团队服装效果图

图 3-2-6　电脑绘制裁判员团队服装效果图（一）

图 3-2-7　电脑绘制裁判员团队服装效果图（二）

图 3-2-8　电脑绘制选手队员运动装服装效果图

围巾：30×175cm(穗2cm)

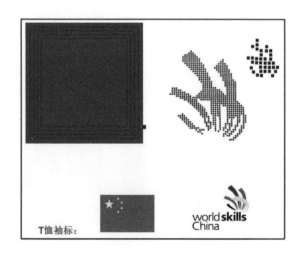

图 3-2-9　电脑绘制服装配饰效果图

最后绘制款式图，绘制款式图时，要明确绘制出正面、背面款式图，如果涉及侧面的设计亮点还需绘制侧面款式图，款式图的绘制主要是明确设计服装的结构特点（图 3-2-10～图 3-2-14）。

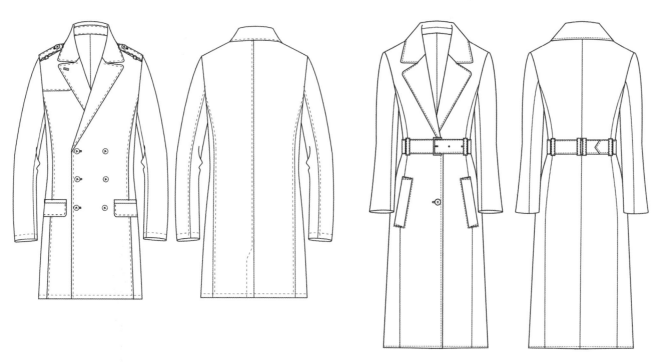

图 3-2-10　绘制裁判员风衣款式图

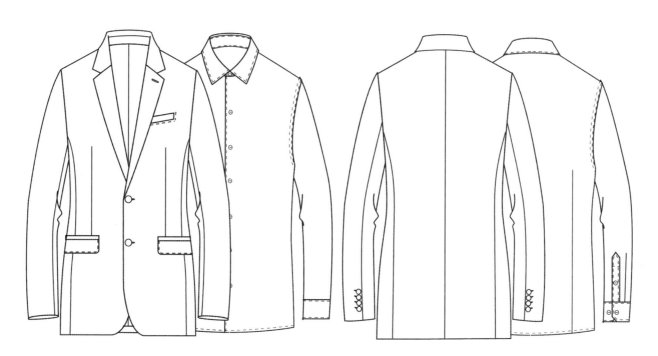

图 3-2-11　绘制礼宾服男装款式图

图 3-2-12　绘制礼宾服女装款式图

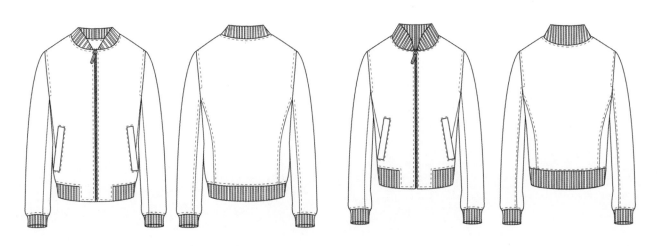

图 3-2-13　绘制选手夹克款式图

图 3-2-14　效果图、款式图合成图

四、设计样品制板

样品制板俗称"打制样"环节，是服装成型的中央环节。需要设计师同板师进行详细的沟通，有时设计师会同板师一起进行制板和打板，通过绘制裁剪图、制板实践完成。一般可采用平面裁剪或立体裁剪方法来进行，也可两种方法相结合来进行。最后确定制板细节处理方案、具体的制作工艺要求等。

五、设计样品制作样衣

制作样衣并审查样衣，包括在样衣的工艺表达形式的选择上、在面辅料的确定上、在加工工艺的确定上和装饰辅料选择及确定等方面审查是否符合设计主题思想，后进行试样及样衣修改（图3-2-15）。

图 3-2-15　审查样衣

六、制定技术文件

包括不同型号纸样、排料图、用料数量、制作工艺及质量标准、操作规程等技术文件。

七、成品展示

成品展示是指制作完样衣后为企业推广、宣传订货，企业参加的各种类型的展览会、服装秀等的动态或静态展示，也可以做成宣传画册等。动态展示多指服装秀的形式，静态展示多指展览的形式（图3-2-16）。

图 3-2-16　成品展示图

八、交付客户或批量生产销售

一般服装设计成品最终的交付环节可分为定制形和批量生产销售形。定制形是指交付个人客户或单位客户，批量生产销售形是指制作批量成衣后再进入市场批量销售。

习题

1. 简述服装设计方案实施的过程。

2. 通过查找资料，了解更多的国内外服装品牌，尝试对 2 ~ 3 个品牌进行定位分析。

第二篇

服装制板与制作基础

第 4 章

服装与人体

学习目标

1. 了解人体特征。
2. 掌握人体部位测量的基本方法。

✂ ⋯⋯⋯⋯⋯⋯⋯⋯⋯⋯⋯⋯

第 1 节　服装与人体的关系

一、服装与人体外型的关系

　　人体表面是凹凸不平的，服装面料一般比较柔软，当人穿上服装时，由于地心引力的作用，服装面料会帖服人体的外轮廓呈纵向的垂坠，这就产生了服装在人体不同部位上的疏、密关系。服装与人体外形的这种关系取决于人体的围度、长度尺寸和服装结构造型。人体长度和围度尺寸变化决定服装规格尺寸的大小，人体的体型特征是服装结构的依据；人体表面的凹凸变化决定服装收省、分割线、打褶的位置和尺寸；服装放松量设定多少将会控制人体运动的幅度大小；服装的放松量就是为了适应人体的运动而设置的，这些运动会引起服装表面长度和围度的变化。

二、服装与人体比例的关系

　　人体比例是服装结构设计的依据，也是设计服装号型、规格的依据。服装设计在满足实用功能的基础上，还应满足人体的体型特征、穿着美感等的需要。也就是说要通过服装外轮廓造型和服装内部结构造型，扬长避短，体现穿着者的形体美和个人风格，展示服装和人体完美的结合。

　　服装专业使用的人体比例是把人体测量所取得的数据经过数学计算、统计等方法得出的结论。人体各部位的比例关系因种族、性别、年龄、体质的不同而有所差异，一般划分为亚洲型和欧洲型两大比例标准。亚洲型一般按照 7 头高的成人人体比例划分，欧洲型按照 8 头高的成人人体比例计算。我国男性中间标准体为 7 ~ 7.5 头高，身高为 170cm；女性中间标准体为 7 头高，身高为 160cm（图 4-1-1）。

三、服装与人体静态、动态的关系

　　服装款式虽然千变万化，但是最终还是受到人体的局限。不同种族、不同地区、不同年龄、不同性别、不同体质人的体态骨骼和肌肉不尽相同，服装在人体动态和静止时也有不同，因此，只有了解人体结

图 4-1-1　服装与人体比例的关系

构和人体的运动规律，才能运用各种艺术表现方法和工艺技术手段使设计的服装满足着装者的需求。在实际生活中，服装中的许多部位都存在着静与动的对立统一的关系。人需要在静态和动态时均保持舒适感，所以，服装的结构既要符合人体静态舒适的要求，又要满足人体动态舒适的要求。

（一）服装与人体静态的关系

人体表面凹凸起伏，服装穿在人体上，面料随着人体外型的结构向下悬垂，有的面料贴合人体，有的面料则与人体保持一定的距离，呈现不服帖的现象。例如女性人体胸部可以把衣服支撑起来，使该部位的面料贴在人体上；又如颈根、肩膀等部位，由于人体骨骼突出的原因也可以把衣服支撑起来；人体各处的凹陷部分，则大多架空而呈现空荡、不服帖的状态，如乳下弧线、腰节、上衣底摆、臀股沟、裙子下摆、裤子裤口等部位。

（二）服装与人体动态的关系

日常生活中，人总是要活动的，所以人体穿着服装，一方面要穿着舒适、合体、美观；另一方面也要适应人体活动的需要。人体在运动时产生肌肉的收缩，骨骼和关节的活动主要在脖颈、大臂、小臂、腰腹、臀部等部位。针对这些主要运动部位，要对服装的结构进行改变，使之能够适应人体运动的需要。腰部是躯干的中心部位，前后左右活动的幅度较大，所以上衣腰围必须宽松，而且不能过短，以免弯腰时不能蔽体；裤子或裙子的腰围不能过松，以免运动时脱落。上肢运动以肘部为轴，活动的幅度和难度都较大，所以袖子的上段要有较大的宽松量，同时，袖窿与肩部的结合处、背部的衣片也都要有一定的宽松度等。此外，还要考虑到工作环境的需求和季节的变化、冷暖的变化，对服装相关的部位留出适度的放松量，来解决穿着者的着装舒适和美观的问题（图 4-1-2）。

人们日常的生活与动作是分不开的，限制人活动的服装会失去使用价值，所以要研究人体在静态和动态下对服装造型、功能的需要，对服装相应部位采取适当放松度，使之既符合人体静态的美观和合体，又适合运动的舒适要求。

图 4-1-2　服装与人体静态、动态的关系

第2节　人体体型特征

一、男、女体型的区别

骨骼决定人体的外观基本造型，但肌肉和脂肪对人体体型也有着不可忽视的影响。骨骼、肌肉和脂肪在男女两性间有很大的差异，因此形成了男女体型的区别。

男性肩宽，胸廓发达，胯部较窄，腰与臀部的差数较女性小，男性的腰节线比女性低。男性皮下脂肪较少，肌肉和骨骼的形状能明显地表现出来，躯干较扁平，整体形态显得平直挺拔，成年男性体型基本上呈"T"字造型。

女性则相反，肌肉没有男性发达，但皮下脂肪相对较多。肩膀窄且倾斜，胸围在乳房部位，显得丰满，腰围较细，最宽的部位在臀部骨盆处，一般女子上身比男子的上身短。三围的差值明显，使得人体线条柔美丰润。由于女性的体型特征，决定着女装的整体轮廓呈 X 型。但随着年龄的增长，人体体型特征也会不断地发生着变化。我们应注意观察人体体型，以掌握其特征（图 4-2-1）。

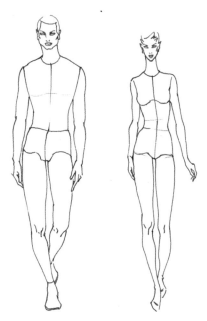

图 4-2-1　男女体型图

二、人体体型分类

人体体型受种族、地区、性别、年龄及身体发育等诸多方面的影响而造成差异。一般可分为正常体型和特殊体型两大类。

正常体型：指各方面发育均衡的人。

特殊体型：指某方面发育不均衡，超越正常体范围的各种体型。特殊体型分以下几类。

（1）**比例失调**　瘦高体、矮胖体、阔肩平髋体、狭肩阔髋体等。

（2）**形态异常**　平肩、溜肩、宽肩、窄肩、"O"型腿、"X"型腿等。

（3）**左右不对称**　高低肩、长短腿、高低胸等。

（4）**前后不匀称**　探颈、挺胸、驼背、平胸、凸腹、土臀、平臀等。

对于畸形如鸡胸、歪脖、残缺体等不归于特殊体型中，但有些可同样按特殊体的方法进行处理。

三、服装号型标准中的人体体型分类

在各种各样的人体中，胸围与腰围是不尽相同的，这样就产生了不同的体型。为了使服装号型能够正确、全面地反映人体体型的特征，《服装号型标准》把人体分为 Y、A、B、C 四种类型，它是根据人体（男、女）胸围与腰围之间的差数进行的分类。

（1）**"Y 型体"**　是指胸围大、腰围细的瘦体型。

（2）**"A 型体"**　是指一般正常体型。

（3）**"B 型体"**　是指腰围较粗的稍胖体型。

（4）**"C 型体"**　是指腰围很粗的肥胖体型。

这种分类有利于成衣设计中胸围和腰围差数的合理使用，同时也为人们挑选服装提供了方便。男子和女子体型分类的范围分别见表 4-2-1 和表 4-2-2。

表 4-2-1　男子体型分类代号及范围　　　　　　　　　　　　　　　　单位：cm

体型分类代号	Y	A	B	C
胸围和腰围差数	22 ~ 17	16 ~ 12	11 ~ 7	6 ~ 2

表 4-2-2　女子体型分类代号及范围　　　　　　　　　　　　　　　　单位：cm

体型分类代号	Y	A	B	C
胸围和腰围差数	24 ~ 19	18 ~ 14	13 ~ 9	8 ~ 4

第 3 节　人体测量

人体测量是根据服装结构的需要测量人体体表的各个部位，是服装制板的第一道工序，是进行服装结构设计的前提，是裁剪和缝制服装提供准确的尺寸数据的基础工序。俗话说"量体裁衣"，从字面意义上讲是指按照身材裁剪衣服，它简洁地概括了人体体型、人体测量与服装裁剪之间的关系。人体测量时除了需测量相关部位的长度、围度尺寸之外，还要细致地观察被测量者的体型特征，并详细记录下来，只有这样才能使裁剪出来的服装达到合体、舒适、美观的要求。人体测量应做好以下几项工作。

一、测量工具的准备

（1）**皮尺**　即软尺，最常见、最简易、最主要的人体测量工具。

（2）**腰节带**　为了使测量的数据准确，通常我们准备一根细带，把它水平系在人体腰部的最细处。

（3）**纸和笔**　记录所测服装尺寸和应注明的事项。

二、测量部位及方法

根据服装款式的需要，测量的部位有所不同，常见的测量部位及方法见表 4-3-1。

表 4-3-1　常见测量部位及方法

测量部位	测量方法	图示
身高	由头部顶点量至地面（脚跟平齐）	
背长	从人体第七颈椎骨，通过背部向下量至腰部最细处	
衣长	从人体第七颈椎骨，通过背部向下量至服装需要的长度。坐测量或人体自然站立测量	
胸围	为服装上衣类的"型"，沿腋下通过胸部最丰满处，皮尺呈水平，不松不紧，贴紧衬衣围量一周	
腰围	在腰部最细处水平围量一周，能放入两指自然转动，松紧适宜	
臀围	在臀部最丰满处水平围量一周，能放入两指自然转动，松紧适宜	
前胸宽	由前胸右侧腋窝往上 5cm 处左右平量，适当加放松度	
后背宽	由背部左侧腋窝往上 5cm 处左右平量，适当加放松度	
总肩宽	由背部左肩骨外端平量到右肩骨外端	
颈围	围量颈部脖根处一周	
袖长	由肩骨外端顺手臂往下量至袖子所需要的长度	
袖口	围量手臂腕骨处一周。根据不同款式适当加放松量	
裙长／裤长	裙长是从腰部最细处起向下量至裙子所需要的部位。裤长是从腰部最细处起向下量至离地面 3cm 处，或按穿者要求的长度。也可按国家号型标准中的腰围尺寸进行适当的调整来确定裙长、裤长规格	
上裆长	从腰部最细处，通过臀部量至臀曲线处	
下裆长	由大腿根量至离地面裤长所需长度	
裤口	围量脚踝骨处一周，或按式样与穿着者要求确定尺寸	

图示部位名称：身高　背长　衣长　胸围（BP）　腰围　臀围

前腋点　前腋点　肩点　肩点　前颈点　侧颈点

前胸宽　后背宽　总肩宽　颈围

肩点　手根　手根点　地面

袖长　袖口　裤长　上裆长　下裆长　裤口

三、测量注意事项

① 要求被测量者站立正直，双臂下垂，姿态自然，不得低头、挺胸。软尺不要过紧过松，保持横平竖直。量腰围时要放松腰带。

② 要了解被测量者的工作性质、穿着习惯和爱好。在测量长度和围度的主要尺寸时，要征求被测量者的意见和要求，以求合理、满意的效果。

③ 测量时要区别服装的品种类别和季节要求。冬量夏衣、夏量冬衣时，要掌握尺寸放缩规律，注意留有余地。

④ 观察好被测量者的体型。对特殊体型应测量特殊部位，并做好记录，以备裁剪时调整。

⑤ 对挺胸体型与驼背体型，要加测前后腰节的尺寸。在腰部围细绳或松紧带作为准绳，前后呈水平，从颈肩点经过胸部最高点，量至腰部为前腰节长度，从第七颈椎骨点在背部垂直量至腰部为后腰节长度。

⑥ 测量尺寸时要考虑到当时款式的流行，长与短、肥与瘦要跟上时代的潮流。

习题

1. 进行人体部位实际测量练习。
2. 简述人体测量时的注意事项。

第 **5** 章　服装制板基础知识

学习目标

1. 了解服装制板专业术语。
2. 掌握服装制板符号和代码。
3. 熟悉制板常用工具。

第1节　服装制板专业术语

制板专业术语是指服装制板中的专门用语。《服装工业名词术语》（GB/T 15557—2008）为我国服装行业的标准用语，《服装制图》（FZ/T 80009—2004）为我国服装行业服装制图的标准用语。

一、服装制板中线的分类与名称

（1）**基础线**　是指在结构制板过程中使用的纵向和横向的基础线条，在样板中的轻且细的实线。

（2）**轮廓线**　是指构成服装部件或服装整体裁片的外部造型的线条，在样板中的重且粗的实线。

（3）**结构线**　是指服装外部的部件及内部部件的缝合线的总称，轮廓线和衣片内部的分割线均属结构线。

（4）**尺寸线**　是指在结构设计图中表明衣片线段长短的指示线。

二、上衣制板专业术语

1. 上衣基础线名称（图 5-1-1）

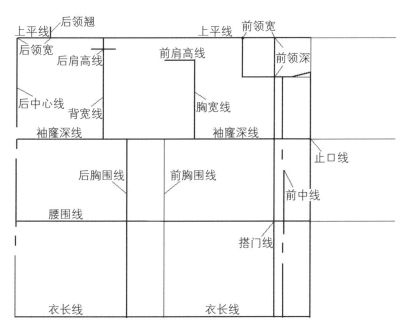
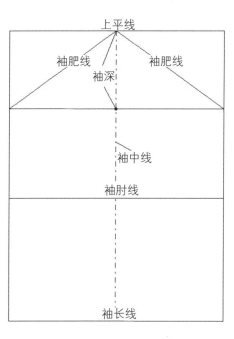

图 5-1-1　上衣基础线名称

2. 上衣结构线名称

前后衣身的结构线、袖片结构线如图 5-1-2 所示。

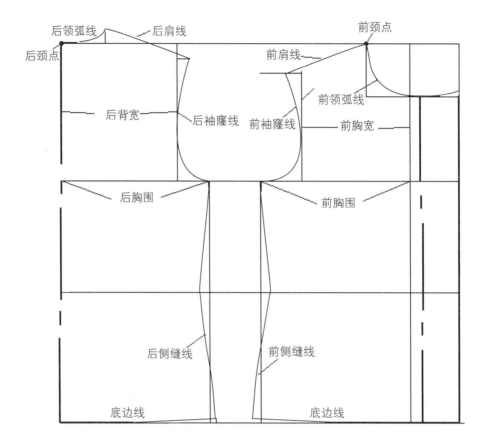

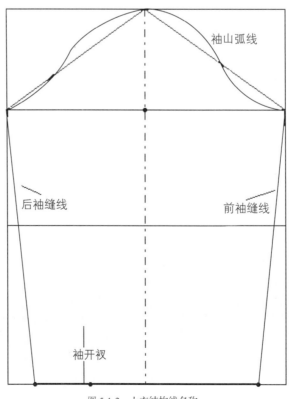

图 5-1-2　上衣结构线名称

三、下装制板专业术语
　　1. 前后裤片基础线名称（图 5-1-3）
　　2. 前后裤片结构线名称（图 5-1-4）

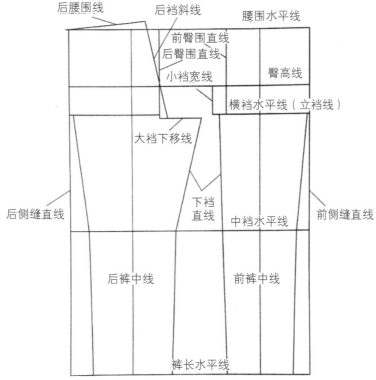

图 5-1-3　前后裤片基础线名称

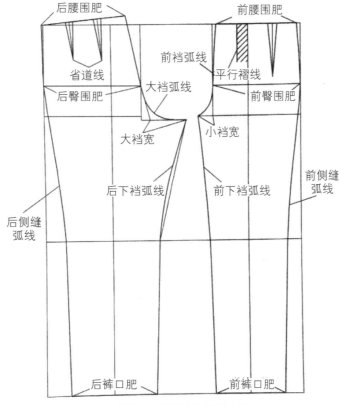

图 5-1-4　前后裤片结构线名称

第2节　服装制板符号及代码

一、服装制板符号

服装制板符号是为了使制板便于识别与技术交流而制定的统一规范的制板标记，每一种标记都代表着约定的意义。因此，了解这些制板符号对制板和读板都会有帮助，见表5-2-1。

表 5-2-1　服装制板符号

序号	符号名称	表示符号	使用说明
1	细实线	————————	图样结构的基础本线、尺寸线和尺寸界线、引出线
2	粗实线	————————	服装和零件的轮廓线、部位轮廓线
3	细虚线	— — — — — —	缝纫明线
4	粗虚线	▬ ▬ ▬ ▬ ▬	表示下层轮廓影示线
5	点划线	—·—·—·—·—	表示衣片相连接不可裁开的线，线条的宽度与细实线相同
6	等分线	◡◡◡◡	表示分成若干个相同的小段
7	等量线	○ △ □	尺寸大小相同的标记符号
8	直角	∟	表示两直线垂直相交
9	重叠	⧖	两部件交叉重叠及长度相等
10	省道线	▽ ⌇ ◇	表示裁片需要收取省道的位置和形状，一般用粗实线表示
11	距离线	⟵——⟶	表示裁片某一部位两点之间的距离，箭头指到部位的轮廓线
12	单项褶裥	⦀	表示顺向褶裥自高向低的折倒方向
13	对合褶裥	⧚	表示对合褶裥自高向低的折倒方向
14	缩缝	∿∿∿∿∿	用于面料缝合时收缩
15	斜料	⤬	有箭头的直线表示布料的经纱方向
16	经向线	↓↑↕	单箭头表示布料经向排放有方向性，双箭头表示布料经向排放无方向性
17	省略线	▭→／←▭	省略裁片某部分的符号，常用于较长而结构图中无法画出的部分
18	扣眼位	⊢·······⊣	表示服装扣眼位置及大小的标记
19	钉扣	✛	表示钉扣的位置
20	归拢	⌒	表示该部位收缩熨烫
21	拔伸	⋀⋀	表示该部位拔开熨烫

二、服装制板代码

为规范统一，通常制图中的某些部位、线条和点用其英语单词的第一个字母来代替相应的中文名称。常见服装代码见表5-2-2。

表 5-2-2 服装主要部位代码

序号	部位名称	代号	序号	部位名称	代号
1	衣长	L	11	臀围线	HL
2	裙长	L	12	袖隆长	AH
3	裤长	L	13	肩宽点	SP
4	袖长	L	14	侧颈点	SNP
5	胸围	B	15	前颈点	FNP
6	腰围	W	16	后颈点	BNP
7	臀围	H	17	领围	N
8	袖肘线	EL	18	胸高点	BP
9	胸围线	BL	19	袖肘点	EP
10	腰围线	WL			

第 3 节 服装基础号型

一、服装号型标准

我国对服装规格的研究起步较晚，1981 年经国家标准局批准，颁布了第一部服装号型国家标准。经过近十年的实行，在对 21 个省市自治区进行人体体型调查的基础上，1991 年颁布了第二部服装号型国家标准。目前使用的服装号型标准是 2008 年颁布的，分别规定了男子（GB/T 1335.1—2008）、女子（GB/T 1335.2—2008）和儿童（GB/T 1335.3—2008）的服装号型标准。

二、服装号型定义

（1）"号" 是指人体的身高，以厘米为单位，是设计服装和选购服装长度尺寸的依据。

（2）"型" 是指人体的胸围或腰围，以厘米为单位，是设计服装和选购服装围度尺寸的依据。

（3）"服装号型" 是指人体的净体数值，不是服装的成衣规格。在制定服装的成衣规格时，要以服装号型的人体净体数值为依据，根据服装的不同款式和不同部位的需求，加放适当的松度来确定成衣规格。

三、服装号型系列介绍

号型系列是以各体型中间体为中心，向两边依次递增或递减组成的。在服装标准中，身高以 5cm 分档，组成号系列。男子从 155~185cm，女子从 145~175cm。以胸围 4cm、腰围 2cm 分档，组成型系列。身高与胸围、腰围搭配分别组成 5.4、5.2 号型系列。一般 5.4 和 5.2 系列组合使用，5.4 用于上装，5.2 用于下装。在服装号型系列的设置中，根据四种不同的体型分类，有不同的号型系列表。

四、服装原型

按发育正常的标准体型，量取人体各部位的标准净体尺寸而制出的服装基本形状就是服装原型。

服装原型按性别或年龄划分有女装原型、男装原型、少女装原型、童装原型等。按人体部位划分有上半身、下半身、手臂分别相对应的衣身原型、上装原型、袖子原型等。

习题

1. 根据给定的服装制板符号准确表述出制板名称。

2. 列出"衣长、胸围、腰围、臀围、肩宽点"服装制板代码。

第 6 章 服装制作基础知识

学习目标

1. 了解服装裁剪工具、面料的检验和准备。
2. 熟练掌握服装手缝工艺基础知识。
3. 了解熨烫基础知识。

第 1 节　服装裁剪工具

1. 软尺

150cm 长，用于测量人体和复核各种直线、弧线长度的工具（图 6-1-1）。

2. 铅笔

用于记录测量尺寸和制板（图 6-1-2）。

3. 米尺

长度为 100cm，质地为木质、不锈钢或有机玻璃。在制板中用于长直线的绘制（图 6-1-3）。

4. 直角尺

两边夹角为 90°，在制板中用于绘制垂直相交的线段（图 6-1-4）。

图 6-1-1　软尺

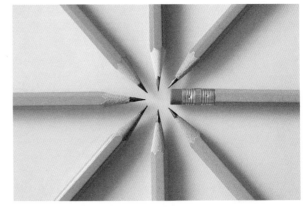

图 6-1-2　铅笔

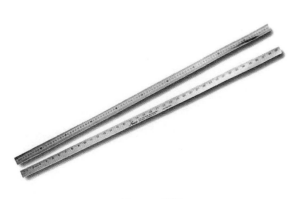

图 6-1-3　米尺

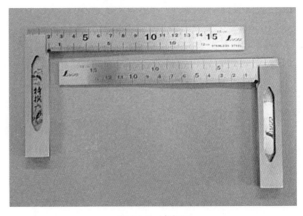

图 6-1-4　直角尺

5. 直尺

绘制直线以及测量较短距离的尺子，常用的有 30cm、50cm 长的钢尺或塑料尺（图 6-1-5）。

6. 比例尺

是指制板时用来量长度的工具，比例尺上的刻度是按照不同的比例而设置（图 6-1-6）。

7. 曲线板

是指用来绘制服装内轮廓或外轮廓曲线的工具，如上衣的袖窿弯、领口弧线或裤子的大小裆弯等部位的曲线（图 6-1-7）。

8. 弯尺

尺子的两侧呈弧线状。是服装专用的绘图工具，主要用于绘制服装的侧缝线、袖缝线。

9. 样板纸

绘制成比例缩小的样板时，一般使用复印纸；绘制 1：1 样板时，一般使用牛皮纸；绘制工艺样板和净样板时使用不宜变形的卡纸。

10. 锥子

用于钻眼和记标记的工具（图 6-1-8）。

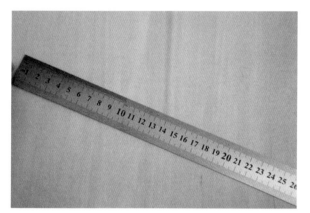

图 6-1-5　直尺

图 6-1-6　比例尺

图 6-1-7　曲线板

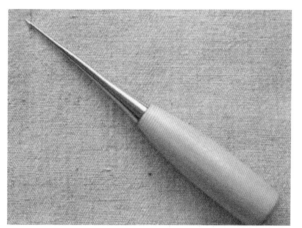

图 6-1-8　锥子

11. 剪刀

服装专用的裁剪工具，用来剪样板和裁剪面料（剪纸与剪布料的剪刀最好分开）。剪刀的型号较多，常用的有 10 号和 11 号（图 6-1-9）。

12. 打孔器

用于钻眼和记标记的工具（图 6-1-10）。

13. 点线器

又称"压轮"，可将样板中重叠在一起的部分压印在另一张样板纸上，从而得到重叠部分的衣片样板（图 6-1-11）。

14. 刀眼器

是指在服装样板上做对位标记的工具。

15. 划粉

是指直接在衣料上画结构线的工具（注意划粉画在衣料的反面）。划粉有多种颜色，根据所生产的服装类别、服装面料，选择不同品种、不同材质的划粉，如在浅色衣料上划线时要注意选择比较接近面料的浅色划粉（图 6-1-12）。

图 6-1-9　剪刀

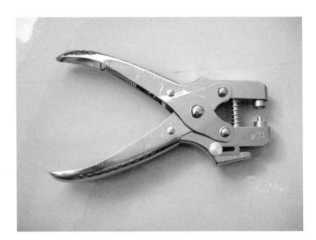

图 6-1-10　打孔器

图 6-1-11　点线器

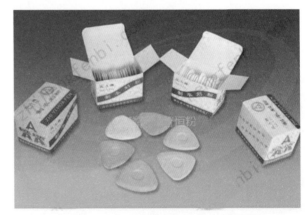

图 6-1-12　普通划粉

第 2 节　服装裁剪

一、面料的检验

验料是服装裁剪的首要工序，掌握面料检验的方法，准确识别原材料的缺陷，了解国家服装产品标准中关于疵点、色差、纬斜等各方面的相关规定，是十分重要的。

面料检验的方法有人工验料和利用机器设备验料。

常见的面料缺陷及识别方法如下。

（1）**疵点**　验布时当发现面料上有疵点缺陷时，要用不同的方法进行标记。每个独立部位只允许出现疵点 1 处，优等品的服装领面及驳头是不允许出现疵点的。

（2）**色差**　坯布经过印染加工时，面料的颜色有时会有色差，要在有色差的地方进行标注，以便在裁剪时进行避让。

（3）**纬斜**　机织物在印染、整理过程中常受到拉力作用，处于紧张状态，若拉力不均匀便易引起面料沿纬纱方向发生倾斜，出现丝道不正，即纬斜现象。

（4）**松紧边**　松紧边是指在面料边缘的地方织物的松紧程度不一致，上下两层长度不等。因此，必须要事先做好标记，或将松紧边剪掉。

二、面料的预缩

任何服装在裁剪之前都应对制作服装所需的面料进行计算，在计算面料时不仅要考虑服装的款式，还应考虑所用面料自身的缩率，即缩水率和热缩率。缩水率的测定方法是取定长面料经过缩水试验，分别测定经向和纬向的缩水百分率。热缩率是面料遇热后的收缩百分率。面料的性能决定了面料的伸缩率，常见面料的缩率见表 6-2-1。

表 6-2-1　常见面料缩水率

面料		品种	缩水率／％	
			经向	纬向
印染棉布	丝光布	平布、斜纹、哔叽、贡呢	3.5 ~ 4	3 ~ 3.5
		府绸	4.5	2
		纱（线）卡其、纱（线）华达呢	5 ~ 5.5	2
	本光布，如平布、纱卡其、纱斜纹、纱华达呢		6 ~ 6.5	2 ~ 2.5
	防缩整理的各类印染布		1 ~ 2	1 ~ 2
色织棉布		男女线呢	8	8
		条格府绸	5	2
		被单布	9	5
		劳动布（预缩）	5	5
呢绒	精纺呢绒	纯毛或含毛量在 70% 以上	3.5	3
		一般织物	4	3.5
	粗纺呢绒	呢面织物	3.5 ~ 4	3.5 ~ 4
		绒面织物	4.5 ~ 5	4.5 ~ 5
	织物结构比较稀松的织物		5 以上	5 以上
丝绸		桑蚕丝织物	5	2
		桑蚕丝织物与其他纤维交织物	5	3
		绉线织物和纹纱织物	10	3
化纤		黏胶纤维织物	10	8
		涤／棉混纺织物	1 ~ 1.5	1
		化纤仿毛织物	2 ~ 4.5	1.5 ~ 4
		化纤仿丝绸织物	2 ~ 8	2 ~ 3

三、排料和划样

排料是指在满足设计和制作要求下，在规定的面料幅宽内，将服装的裁片进行科学的摆放，使面料的利用率达到最高，降低产品成本。划样是把经过排料确定的裁片摆放结果画在纸上或布料上，作为生产流程中的依据。

（一）排料和划样的主要任务

（1）检查样板数量　主要检查样板主副件、零部件配置数量是否齐全，应与技术要求相吻合。

（2）检查样板质量　核对样板是否经过技术部门审核，以及文字标注、加放量、备缩量等是否符合标准，样板的线条是否圆顺、准确。

（3）纱向要求　排料划样时必须按照样板标线与工艺标准要求反复对比，按照技术标准规定，在允许或误差的范围之内进行，达到裁片丝道既符合规定，又能节省原材料的目的。

（4）拼接要求　在不影响产品质量要求的情况下，服装的主副件、部件允许拼接，如女西服挂面拼接允许在下 1/3 处一拼二接，避开扣眼位，女西服领底允许一拼二接。

（二）排料和划样的原则

在进行划样时，要求必须做到"先大后小、正反分清、齐边平靠、斜边颠倒、弯弧相交、凹凸互套、经纬准确、布满在巧"，达到既符合质量又节约原材料的目的；同时还应注意在排料划样时，排料图总宽度比下布边进 1cm，比上布边进 1.5 ～ 2cm 为宜，以防止排料的裁剪图比面料宽，又可避免由于布边太厚而造成裁片不准确。

（三）排料的质量要求

① 排料后应复查每片衣片是否都注明规格、经纱方向、剪口及钉眼等工艺标准。

② 检查裁片、零部件有无漏排。

③ 检查套排是否合理、紧密，是否超额，能否做到节省用料。

四、服装裁剪方法

服装裁剪是服装缝纫上的一道制作工序，是指用剪刀或机器裁刀剪切面料的过程。服装裁剪的方法可按如下两种方式分类。

1. 按生产数量服装裁剪可分为成批裁剪和单件量体裁剪

成批裁剪为工业化大规模生产；单件量体裁剪为来料加工或个体小规模的生产。成批裁剪是我国服装企业大规模工业化生产的主要生产方式，采用专业设备、先进的操作方法，把裁剪过程划分为若干个生产工序，每个生产工序安排有专业工人进行操作。成批裁剪是由专业工人采取流水作业的形式共同合作完成。

2. 按所得衣型和操作方法服装裁剪又可分为平面裁剪和立体裁剪

平面裁剪是指一种采用公式计算或原型推算方式进行平面划样、分割处理的裁剪技术，适用于普通成衣类工业化的大规模生产。在平面裁剪中常见的有比例裁剪法、原型裁剪法、D 式裁剪法、梅式裁剪法等。其中，原型裁剪法广泛应用于国际服装业。日本的原型裁剪法对我国影响较大，自 20 世纪 80 年代进入我国以后，很快被服装界所接受。

立体裁剪是一种以人体模型为依据，直接在立体人模架上进行裁剪造型、局部处理的裁剪技术，适用于高级定制类的小批量生产。平面裁剪和立体裁剪是服装制作过程的起点，好的、准确的衣型是生产高质量成衣的保证。

五、裁剪注意事项

① 原料要进行预缩处理，一般棉布或黏胶纤维织物应先下水预缩后再裁。未经下水预缩的衣料，裁剪时需适当加放尺寸。

② 要识别织物的正反面，为保持成衣的整洁，一般说，粉线应画在衣料的反面。

③ 要注意面料的倒顺。呢绒、灯芯绒等面料有倒顺特点，裁剪时各衣片须顺裁一致，不可颠倒。一般说呢绒原料宜顺做（毛峰朝下），以减少衣服表面起球；灯芯绒和丝绒面料宜倒做（毛峰朝上），使制成的服装光色趋深部泛白；对条子、格子和有图案的衣料，也要注意倒顺一致，尽可能左右对称。

④ 划线前要将划粉削薄，使划出的粉线尺寸准确、符合要求。

⑤ 画裁衣片顺序要先主件（前后片），后副件（大袖、小袖、领子），最后画裁零部件。但画裁时，必须要照顾到零部件，以免布料不够。

⑥ 画完裁片粉线后，进行检查核对，无误后方可裁剪。

第 3 节　服装手缝

手缝在我国有着悠久的历史，在现代服装缝纫中仍有广泛的应用。手缝灵活性好，不受任何设备的限制。手缝针法种类繁多，制作者通过使用针、线或其他材料、工具，在服装不同部位的面料上缝制出不同的线迹，以达到不同款式服装的制作工艺要求。

一、手缝的常用工具

1. 手针

手针的种类较多，既有长短之分，又有粗细之别。手针型号一般为 1 ~ 12 号。针的型号越小，针就越粗而长；型号越大，针就越细而短。但同一型号的手针还有粗细之分。

2. 线

线的种类很多，按照材质分为棉线、丝线、涤纶线、皮线等。一般可根据针的型号大小进行选择，要考虑到面料的颜色、质地、性能及工艺要求。

3. 顶针

顶针以用途而取名。它是使用铜、铁、铝、不锈钢等金属制成的圆筒。圆筒表面有穿不透的较密的凹型小坑。顶针不分型号，只分活口和不活口两种。

顶针起推动针的作用，顶针最好选用针坑较深的，坑面不宜过大且要均匀，这样的顶针在缝制时能将针尾顶牢，以免打滑，便于缝制。手缝时适宜戴顶针，顶针一般戴在右手中指（图 6-3-1）。

二、捏针基本方法

在捏针时，手势要轻巧，拇指与食指捏住针（图 6-3-2），注意把握好针尖露出的长短。在走针时，针尖不宜露出过长，顶针要抵住针尾，手指微用力，使手针顺利穿过面料，完成缝制。

三、手缝基本方法

1. 平缝针针法

平缝针针法是将带线的针扎进衣片按规定的线路连续地、均匀地向前进针，从而使两层或多层衣片缝合连接。

平缝针针法多为平缝直线运针，它是一切手缝针法的基础。在缝纫机问世以前，平缝针针法是衣片缝合服装的主要针法。现在所用不多，仅用于衣片的弧边、圆角部位的辅助性手缝处理，如袖山"缝吃头"等。但它作为一种基本针法，却是服装初学者必练的手缝基本功，俗称为"拱布头"（图 6-3-3）。

图 6-3-2　捏针的基本方法

图 6-3-3　平缝针针法

（a）　　　　　　（b）

图 6-3-1　顶针的使用

2. 寨针针法

在服装缝制中，将两层或多层衣料连接在一起，起固定作用的针法称为寨，也可称为绷、扎等。寨针是平缝针法的灵活运用，它的用途广，可分为临时性寨针和永久性寨针（图 6-3-4）。

3. 扦针针法

扦针是将两层衣料直接连接在一起，同时在正反面又不显露真迹的手缝针法，一般使用在毛料服装的底边、袖窿、裤腰里等处，以及一般暗处的针缝。这种扦法是在上一层出针的原地挑起下层的布丝，然后以一定的针距向上层缝进。要求扦线内长，外露针迹要小，扦线不要过紧，针距均匀、整齐、美观（图 6-3-5）。

4. 三角针针法

三角针操作是由左向右倒退进行，一般用于毛料服装的毛边，使毛边不易脱落。裤子下口折边处就是用这种针法缝制的（图 6-3-6）。

三角针的操作方法：第一针起针，要把线结藏在折边里，将针插入毛边约 0.7cm 的位置；第二针向后退缝在毛边的下层（即衣料的反面），挑穿一两根布丝，不要缝透针；第三针与第一、第二针呈三角形，这样循序操作。三角大小要相同，角与角相距 0.7cm，拉线松紧适宜，以免正面起针坑。

5. 倒钩针针法

主要用于服装斜丝的部位，它的作用就是使斜丝的部位不至于被拉松，起固定作用，如领口和袖窿等部位都可使用此针法（图 6-3-7）。

倒钩针的操作方法：从毛缝处进去 0.7cm 起，第一针缝入起针后，倒退 1cm 缝第二针，第一针和第二针要交叉接触 0.3cm，依次循环就成倒钩针了。每针拉线时，要用线把衣料稍微拉紧些，才能起到不松口的作用。

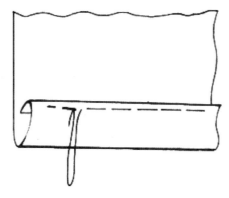

图 6-3-4　寨针针法

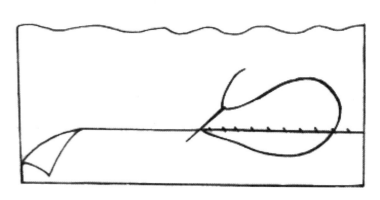

图 6-3-5　扦针针法

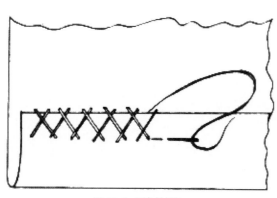

图 6-3-6　三角针针法

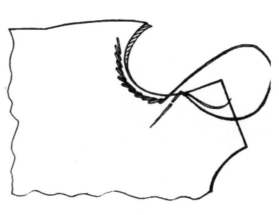

图 6-3-7　倒钩针针法

6. 打线钉针法

在毛料服装缝制前，首先要进行打线钉这道工序，它是把表面层所画好的粉线反印到底层上去，作为操作中各部位线路的依据，来保证服装各部位的准确结构和左右对称（图 6-3-8）。

7. 锁眼针针法

锁眼针用于服装的扣眼。服装扣眼的形状大致有方扣眼（衬衫眼）和圆头扣眼（图 6-3-9）。

8. 钉扣针针法

钉扣针在服装缝制工艺中常用于钉缝扣子，钉扣子一般使用双线。首先在衣服上确定好钉扣位置，用划粉作标记，钉扣时，扣子与衣服之间应保留一定的厚度作线柱，钉缝时可缝"十"字形，也可缝"一"字形（图 6-3-10）。

图 6-3-8　打线钉针法

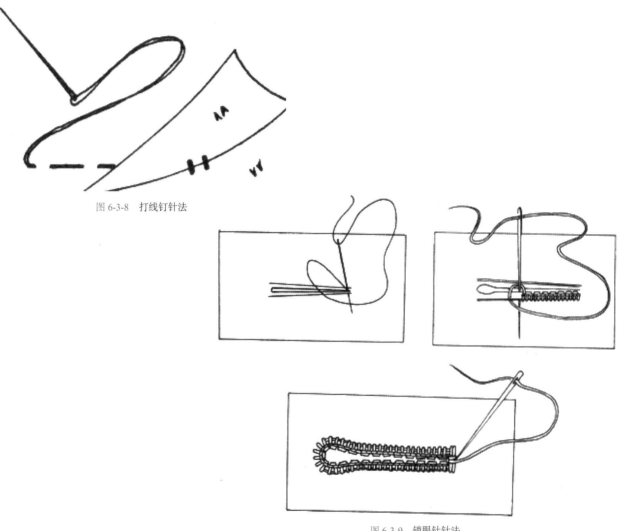

图 6-3-9　锁眼针针法

图 6-3-10　钉扣针针法

第4节　服装熨烫

服装熨烫是采用熨烫专用设备将成品或者半成品施加一定的温度、湿度、压力、时间等条件，使之变形或定型的一种工艺手段。熨烫工艺含有很高的技术含量，它需要操作者具备专业技术知识和丰富的技术经验及技巧，服装行业用"三分做，七分烫"来强调熨烫技术在整个缝制工艺中的地位和作用。

一、熨烫的常用工具

1. 调温电熨斗

调温电熨斗是家用熨烫的主要工具，功率一般有 300W、500W、700W、1000W 等（图 6-4-1）。

2. 蒸气吊瓶电熨斗

吊挂水瓶，将蒸馏水或经过软化的水通过水管进入熨斗内，加热后水汽化喷出。蒸气吊瓶电熨斗的功率一般不低于 1000W，使用方便（图 6-4-2）。

3. 烫台式蒸汽熨斗

常配有抽气烫台，可以把裁片或衣服中的蒸气抽掉，使熨烫后的裁片或衣服快速定型、干燥（图 6-4-3）。

图 6-4-1　调温电熨斗

图 6-4-2　蒸气吊瓶电熨斗

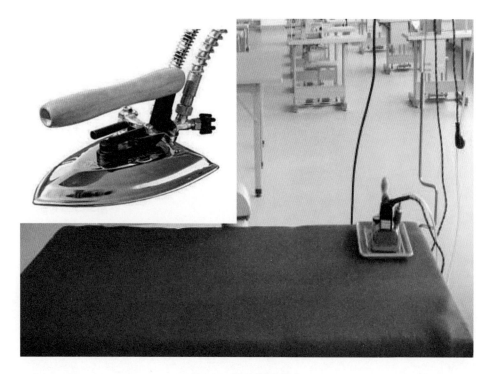

图 6-4-3　烫台式蒸汽熨斗

图 6-4-4　铁凳子

图 6-4-5　布馒头

4. 铁凳子

铁凳子是熨烫辅助工具。一般采用铸铁制作，上层板面垫 4~5 层垫呢，外层包棉布。通常用于服装肩缝、袖窿、裤子后裆缝等不能放平部位的熨烫（图 6-4-4）。

5. 布馒头

一般采用双层棉布作面，内填木屑。常用于熨烫服装的胸、臀等凸出部位，使这些部位产生立体感（图 6-4-5）。

6. 垫呢

采用较粗糙的棉质绒毯，将其铺在平坦的烫台上，上面再铺一层白棉垫布，这样做是为了熨烫时产生的潮气能及时被垫呢吸收，又可避免潮湿的垫布因掉色弄脏衣物。

二、熨烫的关键技巧

1. 原料预缩

通常在服装制作前，需要用熨烫或过水浸泡的方法对面料、辅料进行预缩处理。

2. 烫黏合衬

温度、压力和时间是烫好黏合衬的必要条件。不同的面料，不同的黏合衬，所需的温度、压力、时间是不同的。开始熨烫时，熨斗要自裁片中心部位开始走起向裁片的四周粗烫一圈，使面料初步平服；然后采取自上而下的熨斗走势一个熨斗印挨着一个熨斗印细致熨烫，不可用熨斗反复来回熨烫，以免造成黏合衬松紧不一的现象。熨烫无纺衬时，需在熨斗与布料中间垫上一张纸，以免黏合衬反面渗胶把熨斗弄脏，造成工艺质量问题。

3. 扣烫边角

缝制缝份后，需要将缝份分开并熨倒；缝制袋角时，均需要按照袋角的款式做成方正或圆顺的效果，采用熨烫工艺可使袋角的贴边扣转顺并且服帖，使止口处处理得薄且平挺。

4. 推、归、拔

平面的裁片通过收省或打褶会产生一定的立体造型，但不会很顺很平复，利用面料伸缩、膨胀性能对裁片的某些部位进行推移、归拢、拔开，俗称"推""归""拔"，如西服的"推门"、西裤的"拔裆"等。显然，经推、归、拔处理的衣片能较好地符合人体的体型，穿着自然，也就更加美观、舒适。

5. 成品整烫

成品整烫是服装制作过程中的最后一道工序。成品整烫不仅仅是将不平服的部位烫平，更是要最大限度地弥补和纠正服装制作过程中的不足之处，将拉开处烫归拢，将牵紧处烫伸开，将胸部烫得圆顺饱满，将领子、驳头烫得窝转平服，将止口、底边烫得平直顺挺。

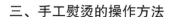

三、手工熨烫的操作方法

（1）**分烫** 专用于服装中的分缝，一般是一手劈缝一手拿熨斗，并将熨斗尖对向缝中，边劈缝边向前推烫，而且压实固定。

（2）**扣烫** 扣烫是把衣片按预定要求双折或一边折倒，扣压烫贴定型，扣烫时一般是一手折扣，一手烫压。需要扣烫的部位很多，如上衣的摆缝里、袖子里、扣袋圆头、扣底边袖口、裤子裤口等。

（3）**压烫** 压烫是加力压实的技法，主要用于较厚的毛呢料子，尤其是对构层较多的边角部位，更需要用熨斗加力压薄。

（4）**起烫** 起烫是对面料表面出现亮光、毛倒伏或面料烙印等现象进行处理，使其复原的一种熨烫技法，一般先覆一块含水量较多的湿布，再用温度偏高一点亮光的熨斗轻轻浮烫，这样让水蒸气渗透衣内，使织物表面蓬松，面绒耸起，织物纤维恢复原状。

（5）**推烫** 在熨烫过程中，根据人体需要和技术要求将某一部位移到一定的位置上，即推移变位的技法，是配合归或拔向定位推移过渡，如归缩袖窿的同时，逐渐向胸峰推移，推随着归或拔同时进行，相互配合。

（6）**归烫** 归是把预定部位挤拢归缩，一般是由里面做弧形运行的熨烫，逐渐向外缩烫，使外侧压实定型，如归袖窿、归后背等。

（7）**拔烫** 即拔开烫，与归拢相反，是把预定的部位抻烫拔开，一般是由外边作倒弧形运行的拔烫，由加力抻拔逐步向里推进并压实定型，造成衣片外侧因纱线排列的密度减小而增长，如裤子的拔裆、上衣的拔腰等。

四、熨烫的注意事项

熨烫时要注意以下这些方面。

① 要掌握好熨斗的温度及各种衣料的耐热度，要根据织物的薄厚确定熨烫时间。

② 由两种或两种以上纤维混纺而成的面料，选择耐热性能较低的纤维适用温度设定为熨斗温度。

③ 在熨烫服装正面时不管是哪种服装面料都应垫水布进行熨烫，这样可以避免产生"亮光"，同时也可以使面料均匀受热不受损坏，以保证服装外观的整洁美观。

④ 熨烫过程中熨斗的走向应有规律，轻、重、快、慢得当，以达到理想的熨烫效果。

⑤ 在熨烫服装凹凸不平的部位时，应借助熨烫工具，以保证理想的服装造型。

⑥ 在熨烫过程中，如发现熨斗粘衣料或衣料变色，说明熨斗温度过高，应立即停止熨烫，切断电源，待熨斗温度调整合适再继续操作。

习题

1. 完成8种手针方法练习各1组。

2. 给指定服装裁片进行7种手工熨烫的操作方法练习。

第 7 章

女裙设计与制作

学习目标

1. 本章通过对第 43 届世界技能大赛中国代表团制服中女裙案例的学习，要求掌握简单的女裙设计原理及方法。
2. 了解绘制女裙款式图、效果图的流程，掌握绘制女裙款式图、效果图的基本技能。
3. 掌握女裙制板及缝制流程及技能。
4. 掌握项目各个关键环节评价内容及要点。

第 1 节　女裙设计款式图绘制

一、女裙款式图绘制步骤

第 1 步，绘制款式图草图。按照设计主题思想绘制款式图草图，绘制时，可用文字标注结构细节设计的关键点或服装面料辅助说明（图 7-1-1）。

第 2 步，绘制款式图的外轮廓。画出女裙的大体比例及中轴线，勾画出裙子的大体外轮廓（图 7-1-2）。

第 3 步，刻画裙子局部结构及细节。绘制女裙的内部结构线，把握虚线和实线粗细表现，同时要体现出结构线准确的分割位置，例如细致刻画缉线的宽度和位置等细节；明线的表现要比外轮廓线细，体现层次感和主次感（图 7-1-3）。

图 7-1-1　第 1 步

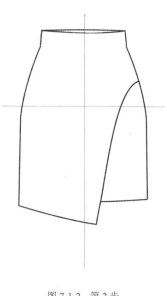

图 7-1-2　第 2 步

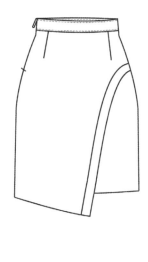

图 7-1-3　第 3 步

第4步，画背面图。绘制女裙背面款式图的结构线，刻画局部细节（图7-1-4）。

第5步，整理完成。整理结构线和外轮廓线，使其顺滑和圆润（图7-1-5）。

二、款式图的绘制要点

绘制服装款式图时注意左右两边要对称，用线粗细要一致、圆顺，注意细节的刻画，把握合理的人体比例，体现准确的结构设计尺寸和局部分割尺寸。

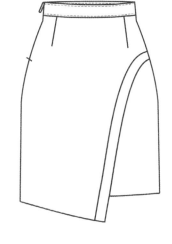

图 7-1-4　第4步

图 7-1-5　第5步（作者：刘家龙）

第2节　女裙设计效果图绘制

一、女裙效果图绘制步骤

第1步，绘制（选定）人体模型。先绘制单人下半身人体模型外轮廓，注意腰臀比例和腿部的比例关系；上色时需要注意下半身人体模型的体积关系和透视关系，如选用马克笔要考虑先画浅色后画深色，注意用笔的顺序及层次感（图7-2-1）。

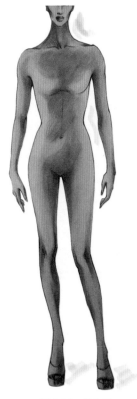

图 7-2-1　第1步

　　第2步，绘制女裙基本款式。勾画出裙子的大体外轮廓，绘制女裙款式图外轮廓（女裙廓形设计）。使用透台，打开透台灯，把下半身人体模型图放置在透台上，并在下半身人体模型图上面放置A4纸，在A4纸上绘制女裙的外轮廓图。需要注意女裙的外轮廓线要在下半身人体模型图的外侧，需要掌控好服装同人体的贴合程度（图7-2-2）。

　　第3步，选择真人人体模型图与款式图合并。绘制女裙材质效果，勾女裙外轮廓及结构细节（图7-2-3）。

　　第4步，整理画面整体效果。把服装效果图和款式图进行组合，形成完整的服装设计效果图。如果是复杂的主题设计还可以增加面料和辅料小样（图7-2-4）。

图 7-2-2　第2步

图 7-2-3　第3步

图 7-2-4　第4步（作者：田甜）

二、效果图的绘制要点

绘制服装效果图时要注意主要款式设计在人体着装后的结构比例效果是否符合设计意图的表达；面料和图案要符合选定的面辅料的实际效果；最终完成的效果图要与款式图的主要元素整体布局和谐，体现主题和设计风格。

第3节　女裙制板

一、女裙量体

（1）**裙长（L）**　从腰围线到膝关节之间的距离为裙长（也可根据个人的喜好和不同场合的穿着需要确定长度尺寸）（图7-3-1）。

（2）**臀高**　从腰围线到臀围线之间的距离。

（3）**腰围（W）**　水平围量腰部最细处一周（以皮尺能自然转动为标准）所得的尺寸加放2cm（图7-3-2）。

（4）**臀围（H）**　水平围量臀部最丰满处一周（以皮尺能自然转动为标准）所得的尺寸加放4cm（若是胖体妇女可加放6～8cm）（图7-3-3）。

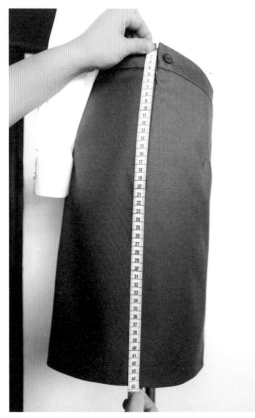

图 7-3-1　裙长测量

图 7-3-2　腰围测量

图 7-3-3　臀围测量

二、女裙制板——筒裙

（一）女裙规格

（1）**规格尺寸**　制板规格见表7-3-1。

表 7-3-1　筒裙规格尺寸

号型	裙长	腰围	臀围	备注
160／68A	60cm	70cm	98cm	—

（2）**款式说明** 筒裙又称紧身裙，非常合体，从腰围至臀围紧贴人体，并围裹下身形成筒状，裙子下摆很窄，是裙子中最基本的款式（图7-3-4）。

（3）**材料** 筒裙下摆窄，适合选择抗撕强度高的面料或有一定弹性的面料，缝份适当留得富裕些。

可选用法兰绒、精纺缩绒、华达呢、哔叽、直贡呢、双面乔其纱、苏格兰呢、粗斜纹布、灯芯绒。另外，为了适合季节和用途，也可采用麻、化纤等面料。

（二）女裙制图公式

① 裙长：实际裙长－腰宽（3cm）。

② 臀高：17～18cm。

③ 前、后臀围：1/4×臀围尺寸。

④ 前、后腰围：1/4×腰围尺寸+臀围差的2/3。

⑤ 腰面长：实际腰围尺寸+3cm（底襟宽）。

图7-3-4 筒裙效果图

（三）女裙结构图

基础筒裙前、后裙片基础线如图7-3-5所示。根据求得的基础筒裙制板尺寸，绘制筒裙腰部和臀部结构线（图7-3-6），绘制完成的筒裙结构图如图7-3-7所示。

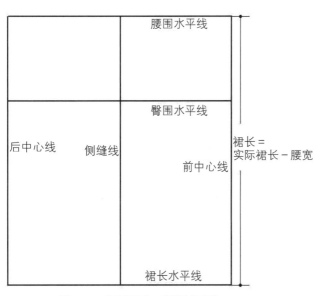

图7-3-5 基础筒裙前、后裙片基础线

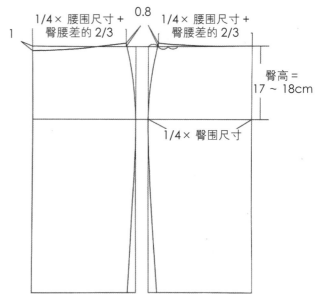

图7-3-6 筒裙腰部和臀部结构线

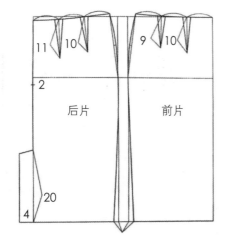

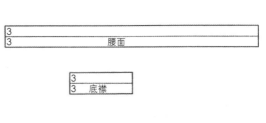

图7-3-7 绘制完成的筒裙结构图

三、女裙制板——变款简裙

变款简裙的款式图如图 7-3-8 所示。

（一）女裙规格

（1）**规格尺寸**　通过量体，确定制板规格见表 7-3-2。

表 7-3-2　变款简裙规格尺寸

号型	裙长	腰围	臀围	备注
165／72A	44cm	72cm	94cm	—

（2）**款式说明**　此款为合体简裙，从腰围至臀围紧贴人体，裙摆略宽。裙身为双层，外层为装饰层。效果图如图 7-3-9 所示。

（3）**材料**　裙身采用皮革面料，便于做透雕工艺处理，装饰层采用毛／涤面料。

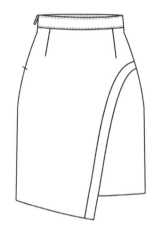 

图 7-3-8　变款简裙的款式图

（a）正面图　　　　　（b）反面图

（c）侧面图

图 7-3-9　变款简裙效果图

（二）女裙结构图

绘制完成的女裙结构如图 7-3-10 所示。

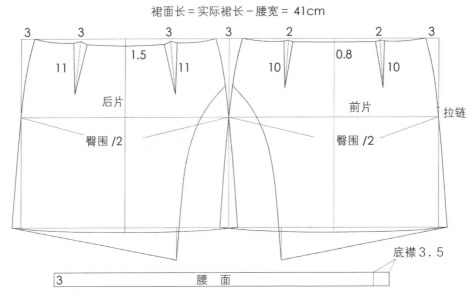

图 7-3-10　女裙结构图

第 4 节　女裙裁剪

一、女裙裁剪工艺要求

（1）**面料**　开裁前先验料，不能有色差、节色、脏污、抽纱等现象；检验后醒料，打开放缩 24h 后开裁，面料颜色与标样对比，应符合 GB/T 250—2008 规定的 4 级，每件颜色必须一致。

（2）**排料**　排料必须按样板经纬向排列，注意面料的倒顺，所有样片纱向必须一致，经纬纱必须顺直，小零料划在大身材裁的附近，以免色差；上下板块排列紧凑，齐边平靠，斜边颠倒，弯弧相交，凸凹互套；大片定局，小片填空。面料如存在色差时要进行边中差排料，在排料时要考虑丝缕方向和丝缕顺直的要求。易起绒的面料需要一个方向进行排料，不可倒顺排料，否则服装的颜色会因为起绒的原因而使颜色产生不一致的现象。条格纹的面料在排料时要做好定位，对好条，对好格，使服装上条格达到连贯和对称。

（3）**画线**　画线、做记号不能用彩色划粉，标上后不能用钢笔、签字笔、圆珠笔涂写。

（4）**铺布**　铺布时上下松紧度一致，布边以一边为齐，布纹不可出现斜、扭现象。

（5）**裁剪**　裁剪时要求下刀准确，线条要流畅顺直。铺料不易过厚，面料上下层不能偏刀。

（6）**打号**　必须将板分清，打号的位置在 0.5cm 以内。所有裁片的打号位置，面上边不许透色。根据样板对位记号剪切刀口。

（7）**粘衬**　所有裁片都过压胶机（需粘衬的裁片，铺上衬布过压胶机），然后净片画印，过机时先试压，以不脱胶、不起泡、粘牢为宜。

二、女裙裁剪注意事项

（1）**拼接**　腰头面、里允许拼接一处，女裙拼接在后部或侧缝，弧形腰除外。

（2）**经纬纱向**　前中偏斜不大于 0.5cm，条格料不允斜；后中偏斜不大于 0.5cm，条格料不允斜；腰头经纱偏斜不大于 0.3cm，条格料不允斜。

（3）**对条、对格**　侧缝处格料对横，互差不大于 0.2cm；后中缝格料对横，互差不大于 0.3cm；条料要求左右两片对称，互差不大于 0.2cm。

（4）**倒顺毛、阴阳格**　原料顺向一致。

三、女裙裁剪步骤

裁片纱向按表 7-4-1 制作。

表 7-4-1　裁片纱向

类别	裁片名称	纱向
面 1	前装饰片、后装饰片、腰面	经
面 2	前片、后片	经
里 1	前片、后片、前装饰片、后装饰片	经
里 2	腰里滚条	45°斜裁

女裙裁剪步骤如下。

第 1 步，排面料板（面 1、面 2）（图 7-4-1）。

第 2 步，画面料板（图 7-4-2）。

第 3 步，裁剪面料（图 7-4-3）。

第 4 步，面料裁剪完成，形成裁片（图 7-4-4）。

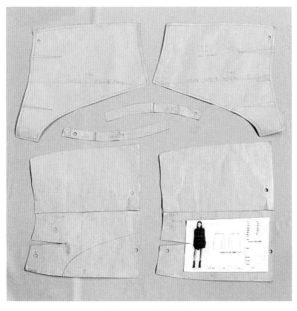

图 7-4-1　排面料板

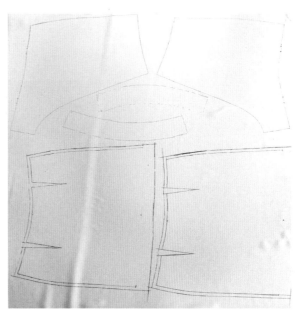

图 7-4-2　画面料板

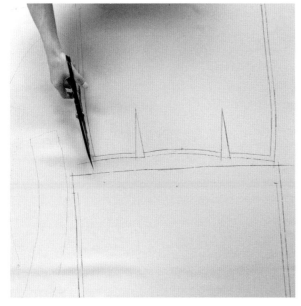

图 7-4-3　裁剪面料

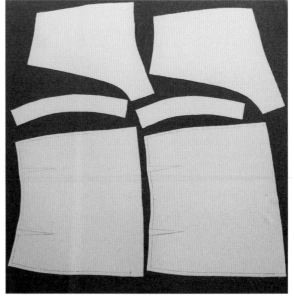

图 7-4-4　面料裁片

第5步，排里料板（里1、里2）（图7-4-5）。

第6步，画里料板（图7-4-6）。

第7步，裁剪里料（图7-4-7）。

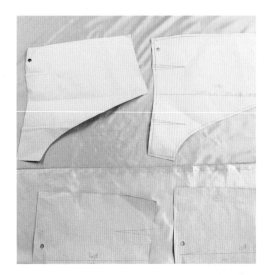

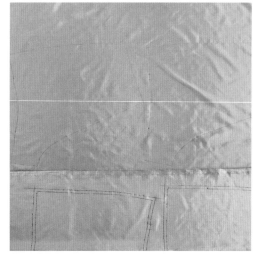

图 7-4-6　画里料板

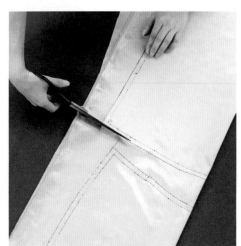

图 7-4-7　裁剪里料

第5节　女裙缝制

一、女裙缝制工艺流程

女裙缝制工艺流程见表7-5-1。

表 7-5-1　女裙缝制工艺流程

工序	缝制流程						
准备工作	·审核纸样		·裁剪面料		·裁剪里料		
制作裙子	裙面				裙里		
	·缉缝省道　　·缝合侧缝　·右侧绱隐形拉链 ·裙腰制作与安装　·处理下摆				·缉缝活褶	·缝合侧缝	·处理下摆
重点部位工艺流程	裙面与裙里的配合		·装饰片与里处理 ·叠缝侧缝		·腰口处做绷缝 ·拉链部分处理		
	绱腰头		·画净粉线 ·腰里下口滚条		·粘嵌条 ·勾腰头	·拼接腰面 ·绱腰	·扣烫腰面
	锁钉，整理		·熨烫		·锁眼、钉扣		

二、女裙缝制步骤及难点分析

1. 缝纫针距要求（表 7-5-2）

表 7-5-2 缝纫针距要求

项　目		针　距	质量要求
平缝	明线	13 ～ 17 针 /3cm	线迹要顺直，首尾要回针，定位要准确，边距宽窄要一致，线迹与面料缝合要牢固，松紧要适宜
	暗线	13 ～ 16 针 /3cm	
环缝		9 ～ 11 针 /3cm	环缝宽不小于 0.4cm，切边宽不大于 0.2cm
扦缝		6 ～ 8 针 /3cm	表面透针不得超过 0.05cm，连续掉针不得超过 1.0cm
锁眼	1.5cm 圆头眼	36 针 / 眼	反面毛纱清剪
	四眼扣	8 根线 / 眼	线柱高 0.3 ～ 0.5cm
备注	线迹要求：缉线顺直，定位准确，结合牢固，松紧适宜，距边宽窄一致		

2. 做标记

制作前先净片，刀口要准，丝道要直顺，所有裁片要复板、核对尺寸单。按样板分别在面料、里料的前后裙片的省位、开叉位、做缝位置处做剪口和标记。

3. 粘衬

粘衬工艺按表 7-5-3 执行。

表 7-5-3 粘衬工艺

粘衬部位	备注
腰面、拉链位	无纺衬
前、后装饰片	1.0cm 嵌条

注：1. 压烫条件（参考）：温度掌握在 130 ～ 140℃，压力掌握在 150 ～ 250kPa，持续时间为 15 ～ 18s。

2. 干热尺寸变化率试验采用"衬 + 标准面料"压烫方式（图 7-5-1）。

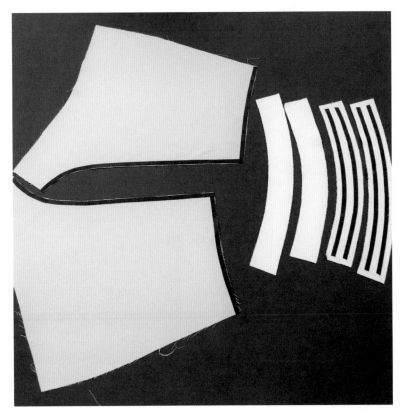

图 7-5-1 粘衬、粘嵌条部位

4. 缉面省、缉里活褶

（1）**缉面省及烫省**　在裙片反面依省中线对折缉省道，腰口处倒回针，省尖处留线头 1.0cm 左右，打结（图 7-5-2）。因仿皮材质面料前、后省缝垫布熨烫温度不宜过高，省缝向前、后中烫倒。要求省道顺直，省尖不可出窝点。

（2）**前后装饰片缉省及烫省**　前后装饰片缉省方法与面料相同（图 7-5-3），省缝向侧缝烫倒（图 7-5-4）。

5. 归拔前、后裙片

将臀围处侧缝曲线用熨斗归拔（图 7-5-5），将侧缝弧尽量归直使其与人体胯骨形态相服帖。

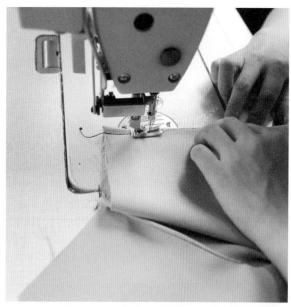

图 7-5-2　缉面省道

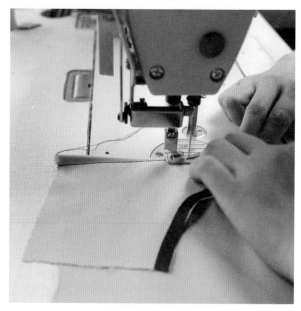

图 7-5-3　缉装饰片省道

图 7-5-4　熨烫省道

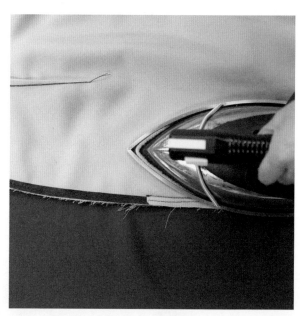

图 7-5-5　归拢侧缝

6. 扣烫下摆

按照工艺要求扣烫前、后片下摆（图 7-5-6），缉合左侧缝和分缝，前、后片下摆熨烫圆顺（图 7-5-7）。

7. 前、后装饰片与里料结合

装饰片面料与里料正面相对后缉缝左侧缝及下摆，把缝缝处打剪口翻至正面，整形。用熨斗烫出 0.1cm 拥量（使其里子不外吐），里车缝缉 0.1cm 线固定（图 7-5-8 ~ 图 7-5-12）。

8. 缝合侧缝及分缝

（1）缉合左侧缝、分缝（图 7-5-13）

（2）缝合右侧缝与装饰片绷缝 面料：后裙片在下，前裙片在上，正面相对留出拉链开口部分缝合侧缝（图 7-5-14）、绷缝（图 7-5-15）。注意缉线缝份宽窄一致，缉线平整，不起皱，不扭曲，上下线松紧合适。

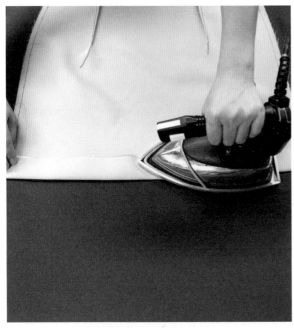

图 7-5-6 扣烫下摆

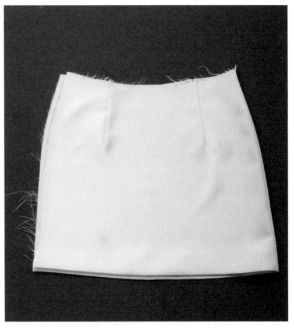

图 7-5-7 下摆熨烫圆顺

图 7-5-8 面与里相对

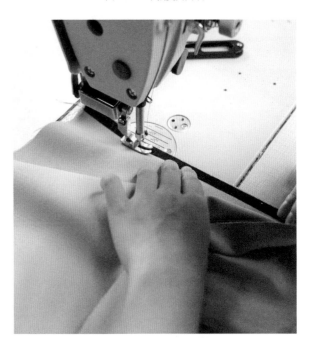

图 7-5-9 缉缝左侧缝及下摆

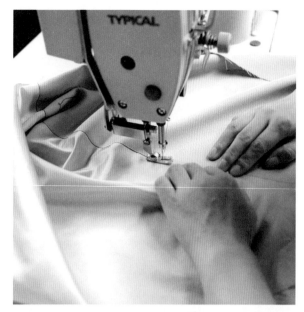

图 7-5-10　缉 0.1cm 线固定

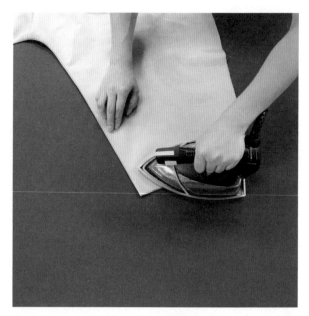

图 7-5-11　熨烫装饰片

图 7-5-12　熨烫完成的装饰片

图 7-5-13　缉合左侧缝、分缝

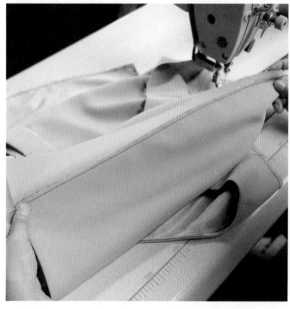

图 7-5-14　比对右侧缝前后片

图 7-5-15　绷缝

（3）将缝合后的两侧缝分缝烫平（图 7-5-16）

（4）留出绱拉链开口（图 7-5-17）

（5）**缝合里料侧缝**　两裙片里料正面相对，从上面拉链下口止点处向下 1.0cm 处缝至开叉点（图 7-5-18）。

（6）**烫缝**　将缝合后的里料向左裙片方向预留 0.1cm 拥量（眼皮），扣烫平服，开口部分按净线向上延伸至腰口（图 7-5-19）。

9. 绱拉链

（1）**面料绱拉链**　使用隐形拉链压脚或单边压脚，拉链在上，裙片在下，两者正面相对，按缝份和拉链齿边车缝固定裙片和拉链，要求按样板标位绱拉链，拉链位粘衬不要太宽，过净线 0.5cm 拉链不外露，无吃纵现象，裙片平服，门襟、里襟高低不错位（图 7-5-20 ~ 图 7-5-22）。

（2）**里料与拉链缉合**　拉链布两边分别与裙片缝份距边 0.5cm 车缝固定（图 7-5-23）。

（3）**熨烫拉链**（图 7-5-24 ~ 图 7-5-26）

图 7-5-16　两侧缝分缝烫平

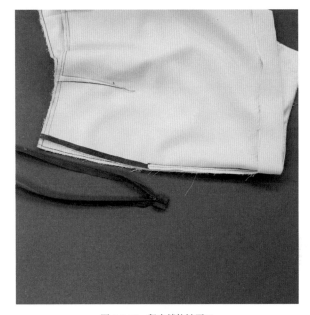

图 7-5-17　留出绱拉链开口

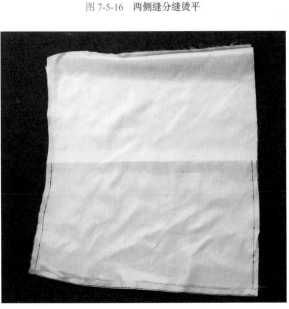

图 7-5-18　缉合里料

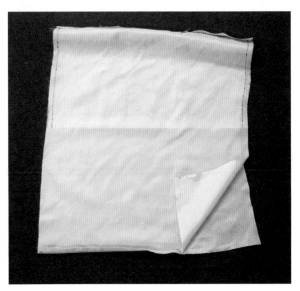

图 7-5-19　熨烫里料

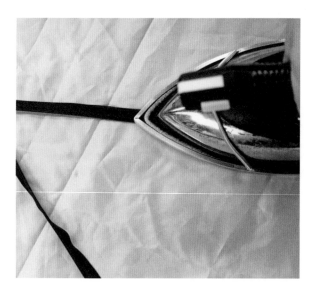

图 7-5-20　熨烫拉链

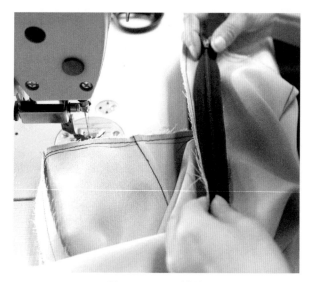

图 7-5-21　　比对拉链

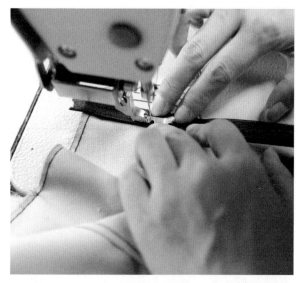

图 7-5-22　绱拉链

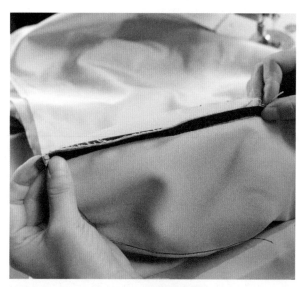

图 7-5-23　里料与拉链绱合

图 7-5-24　熨烫拉链处的里料

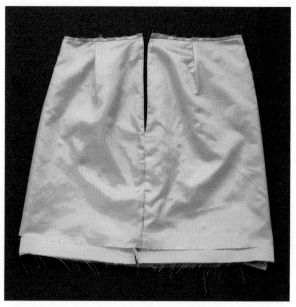

图 7-5-25　拉链里料处的效果

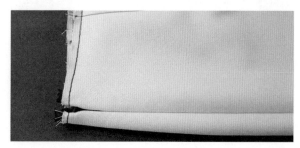

图 7-5-26　拉链正面效果

10. 处理下摆

按规格扣烫好面料裙底摆折边，面料与里料正面相对后缉缝（图7-5-27），然后用三角针法将裙底边折边与大身缲牢（图7-5-28）。要求线迹松紧适宜，裙摆正面不露针距。

11. 叠缝侧缝

裙里与裙面的侧缝对合后在缝头上做内部叠缝，绷线要略松一些。

12. 腰口处做绷缝

（1）**吊带制作**（图7-5-29～图7-5-31）

（2）**将裙面与裙里的腰口线对合**　沿净缝线绷缝固定，吊带与腰口固定（图7-5-32～图7-5-35）。

13. 制作腰头、绱腰

（1）**制作腰头**　按净样板在已粘衬的腰头上画出腰的形状，并分别在门襟、右侧缝、前中、左侧缝、底襟处做标记（图7-5-36）。

要求剪口深不超过0.3cm。然后沿着净粉线粘上嵌条（图7-5-37）。

图 7-5-27　缉下摆

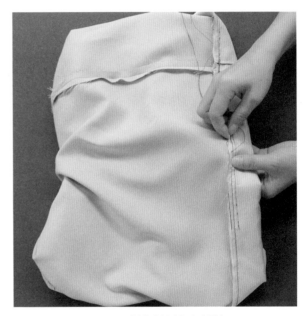

图 7-5-28　裙底边折边与大身缲牢

图 7-5-29　吊带斜条对折

图 7-5-30　缉 0.5cm 宽

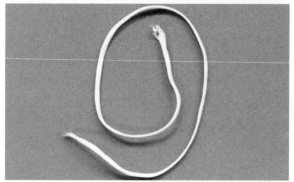

图 7-5-31　熨烫吊带

图 7-5-32　将裙面与裙里沿净缝线绷缝固定

图 7-5-33　吊带对折

图 7-5-34　吊带与腰口固定

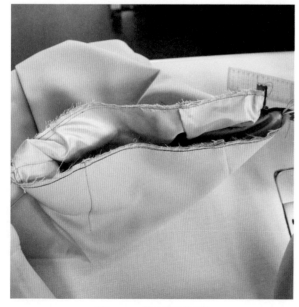

图 7-5-35　腰口固定完成图

图 7-5-36　按净样板画出腰的形状

图 7-5-37　沿着净粉线粘上嵌条

拼接前后腰面（图 7-5-38）。

根据腰头宽扣烫腰头面净样 3.0cm（图 7-5-39），腰头里外口顺色里料包净。

按腰围规格车缝门襟、底襟两头，同时将底襟宽 3.0cm 车缝做净（图 7-5-40）。

翻到正面熨烫平整（图 7-5-41）。要求腰头宽窄一致。

（2）绱腰头　将裙面、腰头面正面相对，核对标记绷缝（图 7-5-42），用 1.0cm 缝份车缝固定（图 7-5-43），要求面、里省缝的倒向正确。灌缝固定腰头里，腰头面在上，从门襟头起针，沿腰头面下口灌缝裙身至底襟，同时缉住背面腰头里 1.0cm。要求门襟、底襟长短一致。

（3）裙子完成图（图 7-5-44）

14. 锁眼、钉扣

在门襟腰头宽居中、进 1.5cm 处锁眼，圆头眼尾部打结子，底襟相对应的位置钉扣，每眼不少于 8 根线，线柱高 0.3cm，钉好后应绕线 3 圈，打结的线头不外露。注意钉扣要牢固，要钉牢腰里（图 7-5-45）。

15. 整烫

① 整烫前应先将裙子上头的绷线、线头、粉印、污迹清除干净。

② 在正面熨烫时必须使用垫布。

③ 省尖和侧缝（从腰围线到臀围线）等立体部位，使用烫垫熨烫。

④ 辅烫时要归拔到位，熨烫手法灵活、流畅、顺直，定型要抽湿干燥，熨斗保持清洁，温度适当，缝线顺直，不歪不扭，成品无亮光、无折痕、无水印、无烙印，外观整洁干净。

图 7-5-38　拼接前后腰面

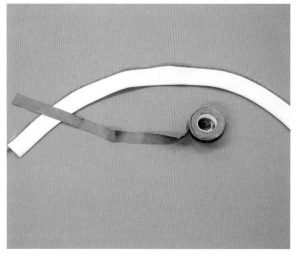

图 7-5-39　扣烫腰头面净样 3.0cm

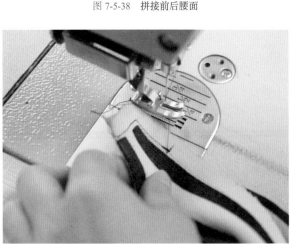

图 7-5-40　底襟宽 3.0cm 车缝做净

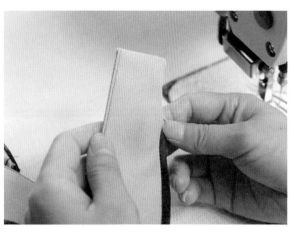

图 7-5-41　翻到正面熨烫平整

图 7-5-42　将裙面、腰头面正面相对

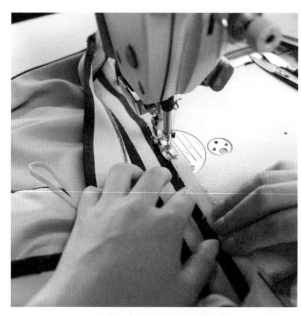

图 7-5-43　用 1.0cm 缝份车缝固定

（a）裙子反面完成图

（b）裙子正面完成图

图 7-5-44　裙子完成图

图 7-5-45　锁眼、钉扣

第6节 女裙设计与制作评价

一、女裙效果图绘制评价标准

女裙效果图绘制评价标准量表（表7-6-1）可灵活运用。自评/互评得分占50%，师评得分占50%，平均后得出总评分数。

表7-6-1 女裙效果图绘制评价标准量表

项目名称	评价内容	自评/互评（5分）			师评（5分）			总评（5分）
		优秀（1分）	合格（0.5）	不合格（0分）	优秀（1分）	合格（0.5）	不合格（0分）	
女裙效果图绘制	1. 款式设计主题							
	2. 结构设计及细节设计的合理性							
	3. 层次和比例的把握							
	4. 线条绘制效果							
	5. 整体效果							

关于评价内容，可自行增加评价的内容，但最好可以同分值设计相匹配。关于分值设定，按照五分制或百分制均可，但设计时要把握易评价、易测量的原则。关于评价方式，建议实际评价时采用划√的方式。

二、女裙制作工艺标准

1. 女裙外观质量要求（表7-6-2）

表7-6-2 女裙外观质量要求

部位名称	外观质量要求
腰头	里、面、衬平服，松紧适宜
拉链	松紧适宜，长短互差不大于0.3cm
裙身	裙身平复，下摆不起吊
裙底边	裙底边圆顺

2. 女裙制作标准要求

① 成品裙子与尺寸单规格表一致，按工艺要求制作，缝制面、里线色一致。

② 面料和里料无疵点、污渍，成品周身平整、无褶皱、无亮光，缉线（明、暗）宽窄一致。

③ 整体要求：成品线迹无跳针、无线套、无毛漏、无重叠线；成品整洁、无脱线、无多余线头、无残破；其他一切工艺技术要求参照国家标准，按本公司企业标准执行。

3. 女裙缺陷判定依据（表7-6-3）

表7-6-3 女裙缺陷判定依据

项目	序号	轻缺陷	重缺陷	严重缺陷
辅料	1	辅料的色泽、色调与面料不相适应	辅料的性能与面料不适应	拉链、纽扣等附件脱落；金属附件锈蚀
对格对条	2	对格对条超过标准规定50%及以内	对格对条超过标准规定50%以上	倒顺毛、阴阳格原料全身顺向不一致
拼接	3	—	拼接不符合规定	
整烫外观	4	熨烫不平服	轻微烫黄，变色，亮光	烫黄、变质，严重影响使用和美观
外观及缝制质量	5	—	使用黏合衬部位脱胶、渗胶、起皱	使用黏合衬部位脱胶、渗胶、起皱，严重影响使用和美观
	6	表面有3根及以上大于1.5cm的连根线头	表面部位毛、脱、漏	表面部位毛、脱、漏，严重影响使用和美观
	7	腰面、腰里、腰衬不平服，松紧不适宜；腰里明显反吐；缩腰明显不顺	—	—
	8	省道长短或左右不对称，互差不大于0.8cm	—	—
	9	门襟、底襟长短互差大于0.3cm；门襟短于底襟	—	—
	10	侧缝不顺、不平服；缝子没分开	—	—

项目	序号	轻缺陷	重缺陷	严重缺陷
外观及缝制质量	11	裙底边不圆顺；裙身吊	—	—
	12	裙底边折边宽窄不一致	—	—
	13	缝份宽度小于 0.8cm	缝份宽度小于 0.5cm	—
	14	缝纫线路不顺直；面线、底线松紧不适宜，底线外露	缝纫线路严重歪曲；底线明显外露	—
	15	缝纫线迹 30cm 内出现两个单跳或连续跳针；明线接线	明线或链式线迹跳针；明线双轨	明暗线或链式线迹断线、脱线（装饰线除外）
	16	针距密度低于标准规定 2 针以内（包括 2 针）	针距密度低于标准规定 2 针以上	—
	17	锁眼偏斜；锁眼间距互差大于 0.3cm；偏斜大于 0.2cm，纱线绽出	锁眼跳、开线；锁眼毛漏	锁眼漏开眼
	18	扣与眼位互差大于 0.2cm；缠脚线高度与止口厚度不适应；钉扣不牢	扣与眼位互差大于 0.5cm	—
	19	绱拉链明显不平服、不顺直；拉链基布的色调与面料不适应	绱拉链宽窄互差大于 0.5cm	—

注：1. 严重缺陷为无商标、烫黄、破损等。

　　2. 上述各类缺陷按序号各记一处。

　　3. 凡丢工、少序、错序均为重缺陷。

三、女裙制作评价标准

女裙制作评价标准见表 7-6-4。

表 7-6-4　女裙制作评价表

项目名称	评价内容	自评 / 互评（10 分）			师评（10 分）			总评（10 分）
		优秀（1 分）	合格（0.5）	不合格（0 分）	优秀（1 分）	合格（0.5）	不合格（0 分）	
女裙制作	1. 各部位裁剪规格							
	2. 缉缝省道							
	3. 装饰片制作							
	4. 缝合侧缝							
	5. 右侧隐形拉链							
	6. 面与里下摆缝合							
	7. 下摆和侧缝的固定							
	8. 裙腰的制作与安装							
	9. 锁眼、钉扣							
	10. 外观平服、整洁							

女裙制作评价标准量表可灵活运用。自评 / 互评得分占 50%，师评得分占 50%，平均得出总评分数。

习题

1. 完成女裙基础测量，梳理女裙测量的步骤并记录测量完整数据。

2. 完成指定简单主题设计并按照设计流程绘制服装主题设计效果图 1 张。

3. 完成指定简单主题女裙设计并完成制板 1 张。

4. 在规定时间完成指定简单主题女裙缝制 1 件。

第 **8** 章

女上装设计与制作

学习目标

1. 本章通过对第 43 届世界技能大赛中国代表团制服女上装的学习，要求掌握简单女上装设计原理及方法。
2. 了解女上装款式图、效果图的绘制流程，掌握女上装款式图、效果图绘制的基本技能。
3. 掌握女上装制板、缝制流程及操作技能。
4. 掌握项目各个关键环节评价内容及要点。

第 1 节　女上装设计款式图绘制

第 1 步，绘制女上装款式图草图（图 8-1-1）。

款式一　　　　　　　　　　　款式二

图 8-1-1　款式一、二款式图草图

第 2 步，勾画出上装外形轮廓，画出女上装的大体比例及中轴线（图 8-1-2）。

第 3 步，刻画女上装局部结构及细节。绘制女上装的内部结构线，把握虚线和实线的粗细表现，同时要体现出结构线准确的分割位置，例如细致刻画，缉线的宽度和位置等细节。用 0.5mm 或 0.3mm 的针管笔绘制女上装款式图局部细节，明线的表现要比外轮廓线细，用 1.0mm 的针管笔绘制外轮廓线和女上装的结构线，体现层次感和主次感（图 8-1-3）。

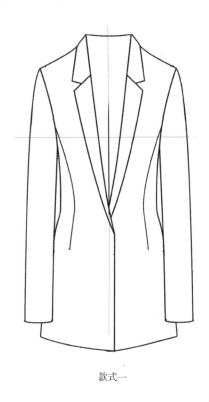

款式一

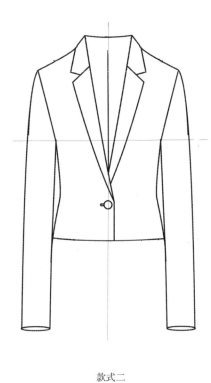

款式二

图 8-1-2　款式一、二的外形轮廓

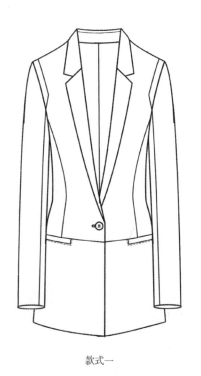

款式一

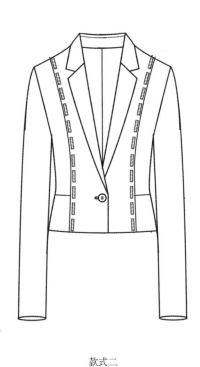

款式二

图 8-1-3　款式一、二的正面

第 4 步，画背面图（图 8-1-4）。

第 5 步，整理完成。整理结构线和外轮廓线，使其顺滑和圆润（图 8-1-5）。

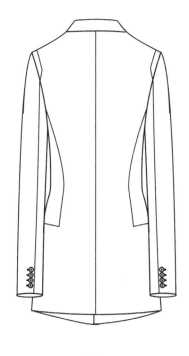

款式一

款式二

图 8-1-4　款式一、二的背面

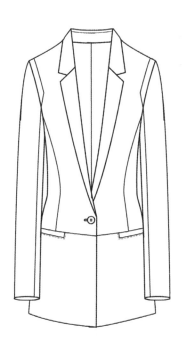

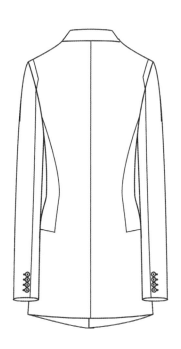

款式一

图 8-1-5

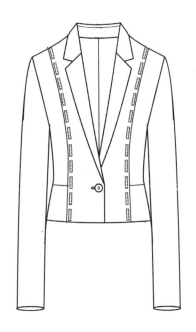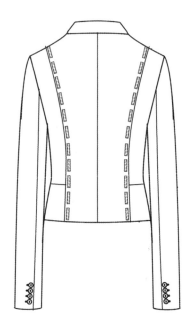

款式二

图 8-1-5　整理款式一、二款式图的完成图（作者：刘家龙）

第2节　女上装设计效果图绘制

第 1 步，绘制（选定）全身人体模型。先绘制单个全身人体模型草图，根据自己拟定的草图，可通过拍照或扫描的手段把绘制的草图以图片形式储存到电脑中。打开绘图软件（Photoshop），点选路径工具勾画图片中人体外轮廓，待熟练后可以在电脑上用路径工具细致刻画出人体模型图的外轮廓。把路径转化成为选区，命名为"人体全身模型图"，填充合适的肤色或用笔的工具绘制人体模型图的肤色，绘制人体模型图的阴影部分使其具有体积感，上色时需要注意下半身人体模型的体积关系和透视关系，使其具有立体感（图8-2-1）。

第 2 步，绘制女上装基本款式。勾画出女上装的大体外轮廓。绘制女上装款式图外轮廓（女上装廓形设计）。使用透台，打开透台灯，把全身人体模型图放置在透台上，并在人体模型图上面放置 A4 纸，在 A4 纸上绘制女上装的外轮廓图。需要注意女上装的外轮廓线要在全身人体模型图的外侧，需要掌控好服装同人体的贴合程度（图 8-2-2）。

第 3 步，选择真人人体模型图与款式图合并（图 8-2-3）。

第 4 步，绘制女上装材质效果，勾女上装外轮廓及结构细节整理画面整体效果。把服装效果图和款式图进行组合，形成完整的服装设计效果图。如果是复杂的主题设计，还可以增加面料和辅料小样，注意近大远小的透视关系，使用"减淡"或"加深"工具进行明暗处理，也可以点选不同类型笔工具进行绘制，体现服装款式结构的立体效果（图 8-2-4）。

图 8-2-1　第 1 步　　　　图 8-2-2　第 2 步　　　　　　　　　　图 8-2-3　第 3 步

图 8-2-4　第 4 步（作者：安晓冬、田甜、刘家龙）

女上装拓展款式效果图如图 8-2-5 ～图 8-2-11 所示。

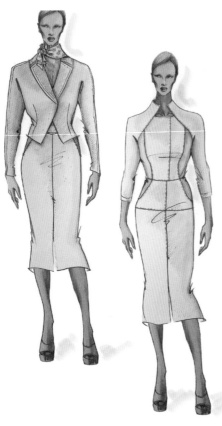

图 8-2-5　女上装拓展款式 1

图 8-2-6　女上装拓展款式 2

图 8-2-7　女上装拓展款式 3

图 8-2-8　女上装拓展款式 4

图 8-2-9　女上装拓展款式 5　　　　　　　　　　　　图 8-2-10　女上装拓展款式 6

图 8-2-11　女上装设计拓展款式系列（作者：田甜）

第3节　女上装制板

一、女上装结构设计

由于女性骨盆较大，通常臀围比胸围大 6 ~ 10cm，而腰部较细，胸围、腰围之差较大，约为 16 ~ 24cm，因此女装非常易于设计成收腰造型。女性的胸部隆起，需要用胸省和腰省来构成前衣片的曲面变化。这是女装结构特有的形式，同时也决定了女装设计要在褶、省的变化运用上下功夫。

女装的衣片结构设计是以每个衣片的围度所占服装胸围的比例，作为区分服装结构类别的依据。常见的女上装结构如下。

四开身结构：指每片衣片的围度占胸围的 1/4。

三开身结构：是指每片衣片的围度占胸围的 1/3。

"四开身"和"三开身"是上装中两种最基本的结构形式，其他的结构都是在此基础上演变出来的。因此，熟练掌握"四开身"和"三开身"造型特点与制图方法，就能够对各类服装进行结构设计及制图。

二、女上装量体

女上装量体一般包括以下几个步骤。

第1步，测量前后腰节长。由后腰节处经过肩颈点量至前腰节处（图8-3-1）。

第2步，测量衣长（后衣长）。由第七颈椎量至臀高处，根据款式适当加减（图8-3-2）。

第3步，测量胸围。围量胸部最丰满处一周加放 6~8cm（图8-3-3）。

第4步，测量前宽。由前胸右侧腋窝往上 5cm 处左右平量（图8-3-4）。

第5步，测量背宽。由左右肩峰点至左右腋窝点连线中点的水平弧长（图8-3-5）。

第6步，测量领围。围量脖颈一周加放 3~4cm（图8-3-6）。

第7步，测量肩宽。由左肩骨端点通过第七颈椎点量至右肩骨端点，加放 1.5cm 左右（图8-3-7）。

第8步，测量袖长。左肩端点量至腕骨所得尺寸加放 3cm 左右（图8-3-8）。

第9步，测量袖口。女装控制在 13~14.5cm（围量腕骨一周减 4cm 为半袖口尺寸）（图8-3-9）。

图 8-3-1　测量前后腰节长　　　图 8-3-2　测量后衣长　　　图 8-3-3　测量胸围　　　图 8-3-4　测量前宽

图 8-3-5　测量背宽　　　图 8-3-6　测量领围　　　图 8-3-7　测量肩宽　　　图 8-3-8　测量袖长　　　图 8-3-9　测量袖口

三、女上装制板——制服

（一）女上装规格

（1）女上装规格尺寸（表 8-3-1）

表 8-3-1　女上装规格尺寸

号型	衣长	胸围	腰围	臀围	肩宽	袖长
175 / 84A	76cm	92cm	76cm	96cm	38cm	58cm

（2）**款式说明**　此款为中长款制服，单排一粒扣，平驳头，直下摆，四开身，前、后身刀背缝，并在腰部拼接，袖子为两片袖（图 8-3-10）。

（3）**材料说明**　根据穿着场合的不同，可以选择精纺薄型毛料、羊绒或普通的毛 / 涤面料。

（二）女上装制板步骤和制板公式

1. 绘制前片结构线

根据以下计算方法确定前片结构线尺寸并依序绘制出各条结构线（图 8-3-11）。

① 前衣长：衣长实际尺寸。

② 袖窿深：B/6+8cm。

③ 腰节线：背长实际尺寸 40cm。

④ 前领宽：B/20+2.5cm。

⑤ 前领深：B/20+3cm。

⑥ 前肩高：定寸 4 ~ 4.5cm。

⑦ 前宽：B/6+1.5cm。

⑧ 胸围肥：B/4+0.5cm。

⑨ 前肩宽：1/2 总肩宽。

⑩ 前后腰节差：3.5cm。

⑪ 搭门宽：2cm。

⑫ 扣位：腰节处。

⑬ 扣眼大：2.3cm。

⑭ 兜位：腰节线。

⑮ 兜口大：14cm。

⑯ 驳头宽：7.5cm；驳嘴宽：4cm；领嘴：3.5cm。

图 8-3-10　女上装效果图

2. 绘制后片结构线

根据以下计算方法确定后片结构线尺寸并依序绘制出各条结构线。

① 胸围：B/4 − 0.5cm。

② 后领宽线：B/20 + 3cm。

③ 领翘：2.5cm。

④ 肩高：4cm。

⑤ 后袖窿深：前袖窿深 +3.5cm。

⑥ 后宽：B/6 + 3cm。

⑦ 前小肩宽：前小肩斜线 +0.7cm。

3. 绘制袖子结构图

① 袖长：袖长实际尺寸。

② 袖深：袖窿 AH/3。

③ 前袖肥：前袖窿弧线长。

④ 后袖肥：后袖窿弧线长 − 1cm。

⑤ 袖肘线：1/2 袖长 +2.5cm。

⑥ 袖口：12cm。

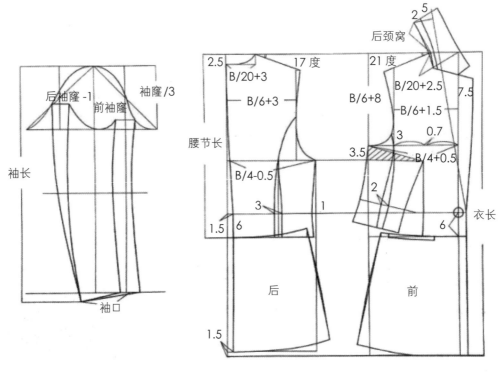

图 8-3-11 女上装结构图

第4节 女上装裁剪

一、女上装裁剪规格

1. 女上装算料方法和材料准备（表 8-4-1）

表 8-4-1 女上装的算料方法和材料准备

名称	规格	算料方法	用量
面料	144cm	1 个衣长 +1 个袖长 +20cm	约 160cm
里料	144cm	1 个衣长 +1 个袖长 +10cm	约 150cm
有纺衬	150cm	1 个衣长 +20cm	约 100cm
无纺衬	110cm	—	50cm
扣	—	—	中扣 3 粒、小扣 4~6 粒
垫肩	—	—	1 副
牵条	1cm（直丝）	—	200cm
	子母嵌条	—	100cm

2. 女上装面料裁剪规格（表 8-4-2）

表 8-4-2 女上装面料裁剪规格

部位	纱向		片数	缝份	贴边
前衣片	前中央线	直丝	6 片	1cm	4cm
后衣片	后中央基线	直丝	5 片	后中 1.5 ~ 2cm，其他 1cm	4cm
大袖	前偏袖线	直丝	2 片	1cm	4cm
小袖	前偏袖线	直丝	2 片	1cm	4cm
领面	长度	横丝	1 片	1.5cm	—
领底	长度	斜丝 45°	2 片	1.5cm	—
过面	长度驳头长 2/3	直丝	2 片	肩部、领口、驳头处 1.5cm，其他部位 1cm	4cm
兜牙子	长度	直丝	2 片	1cm	—
垫兜	长度	横丝	2 片	1cm	—
后领托	与衣片相符	横丝	1 片	1cm	—

3. 女上装里料裁剪规格（表 8-4-3）

表 8-4-3　女上装里料裁剪规格

部位	纱向		片数
前片	前中央线	直丝	4 片
后片	后中央基线	直丝	4 片
大袖	前偏袖线	直丝	2 片
小袖	前偏袖线	直丝	2 片

4. 女上装辅料裁剪规格（表 8-4-4）

表 8-4-4　女上装辅料裁剪规格

部位	纱向	片数
前片有纺衬	直丝	6 片
后片有纺衬	直丝	4 片
过面有纺衬	直丝	2 片
领面有纺衬	横丝	1 片
领底有纺衬	斜丝	2 片
后领托	横丝	1 片
开线无纺衬	直丝	2 片
袖口无纺胶	—	大小袖各 2 片
袋布	直丝	4 片
线	—	大轴 1 轴
扣	中扣	1 粒

二、女上装裁剪工艺要求

1. 女上装裁片拼接要求

在不影响产品质量要求的情况下，女上装过面可以二接一拼，拼接允许在一至二扣位之间，避开扣眼位。如采用耳朵皮式，耳朵皮允许二接一拼，其他部位均不允许拼接。

2. 经纬纱向

前身：经纱以领口宽线为准，不允斜。

后身：经纱以腰节下背中线为准，偏斜不大于 0.5cm，条格料不允斜。

袖子：经纱以前袖缝为准，大袖片偏斜不大于 1.0cm，小袖片偏斜不大于 1.5cm（特殊工艺除外）。

领面：纬纱偏斜不大于 0.5cm，条格料不允斜。

袋盖：与大身纱向一致，斜料左右对称。

挂面：以驳头止口处经纱为准，不允斜。

3. 对条、对格

面料有明显条、格在 1.0cm 及以上的，按表 8-4-5 规定。

表 8-4-5　对条、对格规定

部位	对条、对格规定
左右前身	条料对条，格料对横，互差不大于 0.3cm
手巾袋与前身	条料对条，格料对横，互差不大于 0.2cm
大袋与前身	条料对条，格料对横，互差不大于 0.3cm
袖与前身	袖肘线以上与前身格料对横，两袖相差不大于 0.5cm
袖缝	袖肘线以上，后袖缝格料对横，互差不大于 0.3cm
背缝	以上部为准，条料对条，格料对横，互差不大于 0.2cm
背缝与后领面	条料对条，互差不大于 0.2cm
领子、驳头	条格料左右对称，互差不大于 0.2cm
摆缝	袖窿以下 10cm 处，格料对横，互差不大于 0.3cm
袖子	条格顺直，以袖山为准，两袖互差不大于 0.5cm

注：面料有明显条、格在 0.5cm 及以上的，手巾袋与前身条料对条，格料对格，互差不大于 0.1cm。特殊设计不受此限。

4.倒顺毛、阴阳格原料

全身顺向一致，裁片纱向按板制作。

三、女上装裁剪步骤

裁片纱向见表8-4-6。

第1步，面1和面2排板、画板、裁剪。面料的前片要扩裁出1cm（因为要粘衬，以防热缩），粘衬结束后按板净片（图8-4-1～图8-4-3）。

表8-4-6　女上装各裁片

类别	裁片名称	纱向
面1	前中、腋下、前下片，后中、腋下、后下片，过面、大袖、小袖、兜牙子	经
面2	领面、垫兜、后领托	与大身顺丝
里	前中、腋下片，后中、腋下片，大袖、小袖	经
有纺衬	前中、腋下、前下片，后中、腋下片，过面、领面、领底、后领托	领面、后领托横纱，领底45°斜裁，其他经纱
无纺衬	兜牙子，大、小袖袖口	经

第2步，里料排板、画板、裁剪（图8-4-4～图8-4-7）。

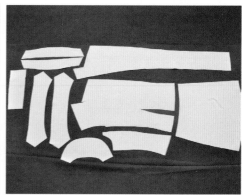

图8-4-1　女上装面料排板　　　　图8-4-2　女上装面料画板　　　　图8-4-3　女上装面料裁片

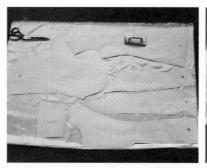

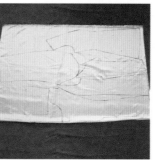

图8-4-4　女上装里料排板　　　　图8-4-5　女上装里料画板

图8-4-6　女上装里料裁剪　　　　图8-4-7　女上装里料裁片

第 5 节　女上装缝制

一、女上装缝制工艺流程

女上装的缝制工艺流程见表 8-5-1。

表 8-5-1　女上装缝制流程

工序	缝制流程		
准备工作	• 审核纸样　　　　　　　　• 裁剪面料 • 裁剪里料　　　　　　　　• 裁剪辅料		
制作女上装	女上装面		女上装里
	裁片检查及粘胶→打线钉→做前片→做后片→前后片绱合→绱领子→绱袖子→绱垫肩→手针工艺→整烫→锁眼钉扣		前身里料与过面绱合→绱合前后身里子→绱合袖里料
重点部位工艺流程	做前片		绱省道→熨烫省道→绱腋下小片→做兜→拼接上下片→推门→覆牵条→勾止口、翻止口
	做后片		绱合后中缝→拼接上下片→归拔后片→粘袖窿子母嵌条
	做领子		拼接领面→归拔领底→领面领底缝合
	做袖子		归拔大袖→绱合前袖缝→扣袖口贴边→绱合后袖缝→绱合袖里料→袖口里料与面绱合→固定袖缝

二、女上装缝制步骤及难点分析

第 1 步，做标记。制作前先净片，刀口要准，丝道要直顺，所有裁片要复板、核对尺寸单。按样板分别在前片省位、兜位、扣位、驳口线、腰节、袖中线、袖肘线、对刀口的位置、做缝位置处做剪口和标记。

打线钉部位：省位、驳头线、兜口、中腰位（图 8-5-1、图 8-5-2）。

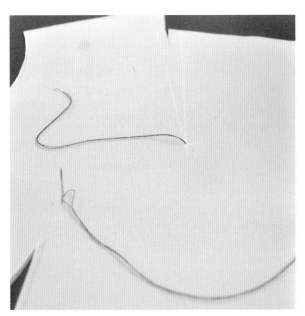

图 8-5-1　打省位线钉

图 8-5-2　打驳头线钉

第2步，粘嵌条。粘嵌条部位：驳头线向里1cm处（长度的中间部位略拉紧嵌条，大身需要有些吃量）、前门襟向里1cm处、兜口、袖窿（嵌条稍拉紧些）、领口（1cm无纺嵌条）（图8-5-3）。

第3步，粘衬。其他加固定型粘衬部位有底摆、后背、袖口，衬的宽度与折边宽度一致即可（图8-5-4）。

第4步，做兜。将烫好的兜牙对准兜口位固定（兜口要略紧些以免张阔），要求兜的下角为90°（图8-5-5～图8-5-8）。

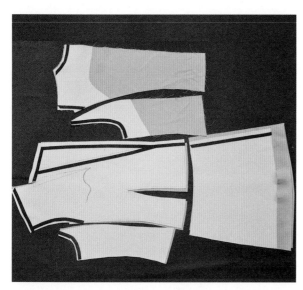

图 8-5-3　粘嵌条

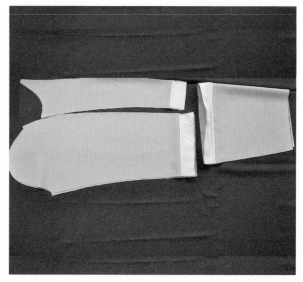

图 8-5-4　粘衬

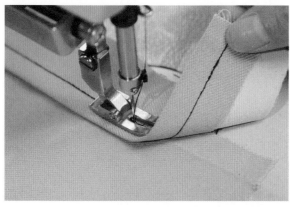

图 8-5-5　缉兜牙子

图 8-5-6　开兜口三角

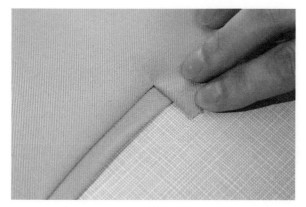

图 8-5-7　兜的下角为90°

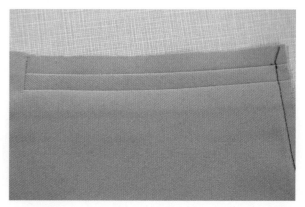

图 8-5-8　固定垫兜

第5步，缉省，拼缝，归拔（胸省部位），所有合缝烫平（图8-5-9～图8-5-17）。

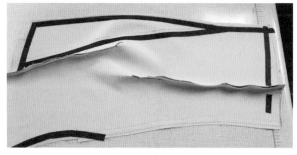

图 8-5-9　缉省道

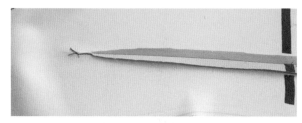

图 8-5-10　熨烫省道

图 8-5-11　拼接腋下片

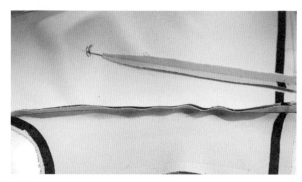

图 8-5-12　拼接完成图

图 8-5-13　分缝

图 8-5-14　归拔、熨烫

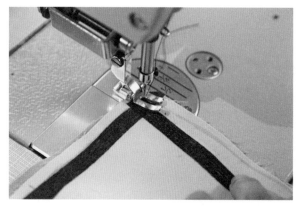

图 8-5-15　拼接兜口片

图 8-5-16　兜口处顺直、平服

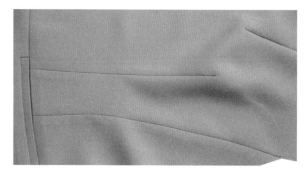

图 8-5-17　前片完成效果图

第6步，合肩缝、侧缝。合过面时在驳领尖向下 1.5cm 处需吃过面 0.2cm，避免向外翻翘。

第7步，做领子。将粘好衬的领面按板画上净线与领里复合，在领尖 1.5cm 处领面需有 0.2cm 的吃量，避免向外翻翘（图 8-5-18、图 8-5-19）。

第8步，绱领。绱领时要对准打好的剪口平缝、烫平，将上下领口的做缝固定（用手针）（图 8-5-20 ~ 图 8-5-22）。

图 8-5-18　领面拼接

图 8-5-21　后领口保持平服

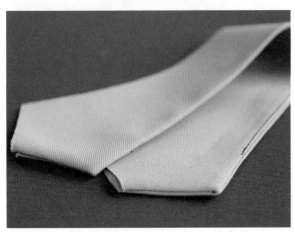

图 8-5-19　制作完成的领子

图 8-5-22　前领口保持平服

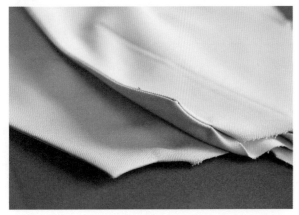

图 8-5-20　驳嘴大小要一致

第 9 步，合袖缝。烫平袖缝，用纯棉 1.5cm 的斜条，抽袖山，按袖子的给量大小吃袖山，袖山中点剪口前后 5cm 处要多抽，要满而圆，依次逐渐吃量减少（图 8-5-23 ～图 8-5-27）。

第 10 步，绱袖子。绱袖子时袖山剪口对准肩缝，大身片袖窿底部有个剪口对准小袖片上的剪口。

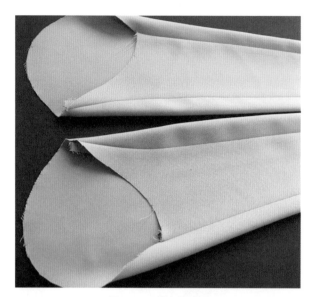

图 8-5-23　缉合袖子面

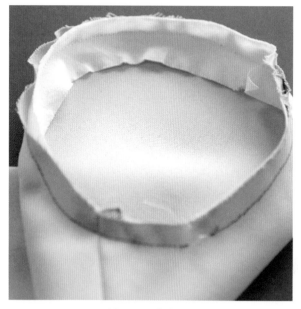

图 8-5-26　代袖吃量

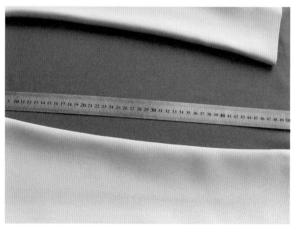

图 8-5-24　归拔好袖弯

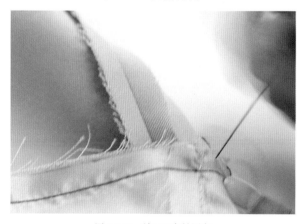

图 8-5-25　袖口三角针固定

图 8-5-27　袖吃量均匀、圆顺

第 11 步，绱袖棉条、绱垫肩（图 8-5-28 ～ 图 8-5-31）。

第 12 步，缝合里料与面料。要求肩缝、侧缝、袖缝与面对准，在袖子里缝处留有 15cm 开口（整件衣服要从此处翻出）。

第 13 步，固定面料与里料的做缝。固定部位有袖窿、侧缝、中腰、底摆（全部底摆）、袖口（整个袖口）、大袖缝，过面与里料的拼接做缝需固定到大身上，要求不得将针迹露在表面上，以免影响外观（图 8-5-32、图 8-5-33）。

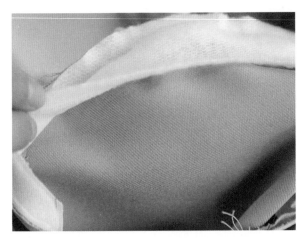

图 8-5-28　缉袖棉条

图 8-5-29　绱垫肩

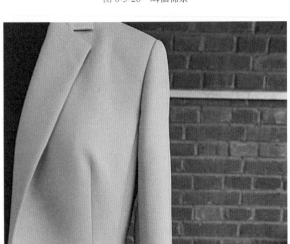

图 8-5-30　绱袖正面完成图

图 8-5-31　绱袖后面完成图

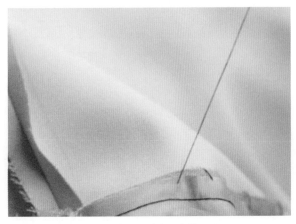

图 8-5-32　底摆三角针

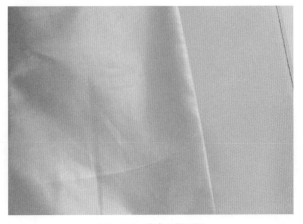

图 8-5-33　前身里料下摆

第14步，整体翻出后，封上袖洞，按板划扣位、扣眼位。

第15步，锁眼、整烫。

① 整烫前应先将绷线、线头、粉印、污迹清除干净。

② 在正面熨烫时必须使用垫布。

③ 前身胸部、侧缝、肩缝、后背、领子、袖子等立体部位，使用烫垫熨烫。

④ 辅烫时要归拔到位，熨烫手法灵活、流畅、顺直，定型要抽湿干燥，无亮光、烫痕。

⑤ 熨斗保持清洁，温度适当，缝线顺直，不歪不扭。

⑥ 成品无亮光、无折痕、无水印、无烙印，外观整洁干净。

第6节　女上装设计与制作评价

一、女上装设计评价标准

女上装设计评价标准见表8-6-1。

表 8-6-1　女上装设计评价标准

项目名称	评价内容	自评/互评（5分）			师评（5分）			总评（5分）
		优秀（1分）	合格（0.5）	不合格（0分）	优秀（1分）	合格（0.5）	不合格（0分）	
女上装设计	1. 款式设计主题							
	2. 结构造型设计及细节设计的合理性							
	3. 色彩搭配效果							
	4. 面辅料绘制效果							
	5. 整体搭配效果							

二、女上装制作工艺标准

1. 女上装外观质量要求（表8-6-2）

表 8-6-2　女上装外观质量要求

部位名称	外观质量要求
领子	领面平复，领窝圆顺，左右领尖不翘
驳头	串口、驳口顺直，左右驳头宽窄，领嘴大小对称，领翘适宜
止口	顺直平挺，门襟不短于底襟，不搅不豁，两圆头大小一致
前身	胸部挺括、对称，面、里、衬服帖，省道顺直
袋、袋盖	左右袋高、低、前、后对称，袋盖与袋口宽相适应，袋盖与大身的花纹一致
后背	平服
肩	肩部平服，表面没有褶，肩缝顺直，左右对称
袖	绱袖圆顺，吃势均匀，两袖前后、长短一致

2. 女上装缺陷判定依据（表8-6-3）

表 8-6-3　女上装缺陷判定依据

项目	序号	轻缺陷	重缺陷	严重缺陷
辅料	1	缝纫线色泽、色调与面料不相适应；钉扣线与扣色泽、色调不适应	里料、缝纫线的性能与面料不适应	—
锁眼	2	锁眼间距互差大于0.4cm；偏斜大于0.2cm，纱线绽出	跳线、开线、毛漏、漏开眼	—
钉扣及附件	3	扣与眼位互差大于0.2cm（包括附件等）；钉扣不牢	扣与眼位互差大于0.5cm（包括附件等）	纽扣、金属扣脱落（包括附件等）；金属件锈蚀
对格对条	4	对格对条超过标准规定50%及以内	对格对条超过标准规定50%以上	面料倒顺毛，全身顺向不一致
拼接	5	—	拼接不符合规定	

续表

项目	序号	轻缺陷	重缺陷	严重缺陷
外观及缝制质量	6	—	使用黏合衬部位脱胶、渗胶、起皱	使用黏合衬部位脱胶、渗胶、起皱，严重影响使用和美观
	7	领子、驳头面、衬、里松紧不适宜；表面不平挺	领子、驳头面、衬、里松紧明显不适宜，不平挺	—
	8	领口、驳口、串口不顺直；领子、驳头止口反吐	—	—
	9	领尖、领嘴、驳头左右不一致，尖圆对比互差大于0.3cm；领豁口左右明显不一致	—	—
	10	领窝不平服、起皱；绱领（领肩缝对比）偏斜大于0.5cm	领窝严重不平服、起皱；绱领（领肩缝对比）偏斜大于0.7cm	—
	11	领翘不适宜；领外口松紧不适宜；底领外露	领翘严重不适宜；底领外露大于0.2cm	—
	12	肩缝不顺直、不平服	肩缝严重不顺直、不平服	—
	13	两肩宽窄不一致，互差大于0.5cm	两肩宽窄不一致，互差大于0.8cm	—
	14	胸部不挺括，左右不一致；腰部不平服；省位左右不一致	胸部严重不挺括；腰部严重不平服	—
	15	袋位高低互差大于0.3cm，前后互差大于0.5cm	袋位高低互差大于0.8cm，前后互差大于1.0cm	—
	16	袋盖长短、宽窄互差大于0.3cm；口袋不平服、不顺直，嵌线不顺直，宽窄不一致；袋角不整齐	袋盖小于袋口（贴袋）0.5cm（一侧）或小于嵌线；袋布垫料毛边无包缝	—
	17	门襟、里襟不顺直、不平服；止口反吐	止口明显反吐	—
	18	门襟长于里襟，西服大0.5cm，大衣大于0.8cm；里襟长于门襟；门里襟明显搅豁	—	—
	19	底边明显宽窄不一致、不圆顺；里子底边宽窄明显不一致	里子短，面明显不平服；里子长，明显外露	—
	20	绱袖不圆顺、吃势不适宜；两袖前后不一致大于1.5cm。袖子起吊、不顺	绱袖明显不圆顺；两袖前后明显不一致大于2.5cm；袖子明显起吊、不顺	—
	21	袖长左右对比互差大于0.7cm；两袖口对比互差大于0.5cm	袖长左右对比互差大于1.0cm；两袖口对比互差大于0.8cm	—
	22	后背不平、起吊；开衩不平服、不顺直；开衩止口明显搅豁；开衩长短互差大于0.3cm	后背明显不平服、起吊	—
	23	衣片缝合明显松紧不平；不顺直；连续跳针（30cm内出现两个单跳针按连续跳针计算）	表面部位有毛、脱、漏；缝份小于0.8cm；链式线迹跳针有1处	表面部位有毛、脱、漏，严重影响使用和美观
	24	有叠线部位漏叠2处（包括2处）以下；衣里有毛、脱、漏	有叠线部位漏叠2处以上	—
	25	明线宽窄不一致、弯曲	明线接线	—
	26	滚条不平服，宽窄不一致	—	—
	27	轻度污渍；熨烫不平服；有明显水花、亮光；表面有大于1.5cm的连根线头3根以上	有明显污渍，污渍大于2cm²；水花大于4cm²	有严重污渍，污渍大于30cm²；烫黄等严重影响使用和美观

注：1. 严重缺陷为无商标、烫黄、破损等。

2. 上述各类缺陷按序号各记一处。

3. 凡丢工、少序、错序均为重缺陷。

三、女上装制作评价标准

女上装制作评价见表 8-6-4。

表 8-6-4　女上装制作评价表

项目名称	评价内容	自评 / 互评（10分）			师评（10分）			总评（10分）
		优秀（1分）	合格（0.5）	不合格（0分）	优秀（1分）	合格（0.5）	不合格（0分）	
女上装制作	1. 各部位裁剪规格							
	2. 刀背缝、拼接缝圆顺，熨烫平整、无吃纵							
	3. 大兜制作							
	4. 过面与前身里料缉合							
	5. 止口圆顺、长短适宜、眼皮大小、无倒吐							
	6. 侧缝、肩缝、下摆顺直，熨烫平整							
	7. 里子眼皮、倒向、距下摆宽窄、松紧适宜							
	8. 领子制作、安装，固定缝份							
	9. 袖子制作、安装，袖里子扦线							
	10. 固定各缝、手针、整烫、钉扣							

习题

1. 完成女上装测量，清楚女上装测量的步骤并记录测量完整数据。

2. 完成指定简单主题女上装设计并完成制板 1 张。

3. 在规定时间完成指定简单主题女上装制作 1 件。

第 9 章

男裤设计与制作

学习目标

1. 本章通过对第 43 届世界技能大赛中国代表团制服男裤的学习，要求掌握简单男裤设计原理及方法。

2. 了解绘制男裤款式图、效果图的流程，掌握绘制男裤款式图、效果图的基本技能。

3. 掌握简单男裤制板、缝制流程及操作技能。

4. 掌握项目各个关键环节评价内容及要点。

第 1 节　男裤设计款式图绘制

第 1 步，绘制男裤款式图草图（图 9-1-1）。

第 2 步，勾画出男裤外形轮廓，画出男裤的大体比例及中轴线（图 9-1-2）。

第 3 步，刻画男裤正面局部结构及细节。绘制男裤的内部结构线，用 0.5mm 或 0.3mm 的针管笔绘制男裤款式图局部细节，用 1.0mm 的针管笔绘制外轮廓线和男裤的结构线，把握虚线和实线粗细表现，同时要体现出结构线准确的分割位置（图 9-1-3）。

第 4 步，画男裤背面图（图 9-1-4）。

第 5 步，整理完成。整理结构线和外轮廓线，使其顺滑和圆润（图 9-1-5）。

图 9-1-1　第 1 步

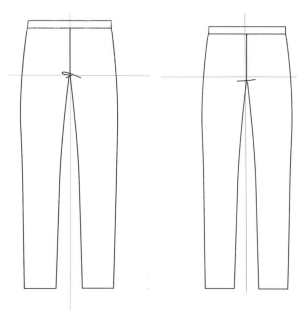

图 9-1-2　第 2 步

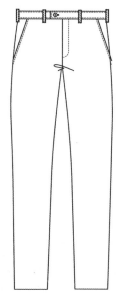

图 9-1-3　第 3 步

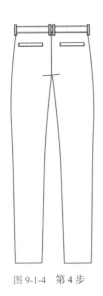 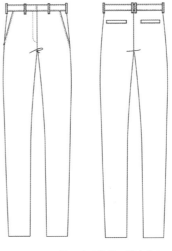

图 9-1-4　第 4 步　　　　　　　　　　　　　　图 9-1-5　第 5 步（作者：刘家龙）

第 2 节　男裤设计效果图绘制

　　第 1 步，绘制男裤效果图草图。使用铅笔绘制男裤草图，把握男裤的款式同人体模型之间的动态和款式造型的比例关系（图 9-2-1）。

　　第 2 步，深入刻画男裤效果图。绘制男裤外轮廓和裤子的阴影部分，把握男裤外轮廓的用线，骨骼部分使用细致硬挺的线条，肌肉部分使用略粗且重的线条，使其体现体积和透视关系、具有立体感（图 9-2-2）。

　　第 3 步，绘制男裤最终效果图。选择真人人体模型图同效果图合并。绘制男裤材质效果，勾男裤外轮廓及结构细节。可以使用合适的软件，模仿真实面料的效果，同真人模特进行合成，需要注意男裤的外轮廓线要在全身人体模型图的外侧，需要掌控好服装同人体的贴合程度（图 9-2-3）。

　　第 4 步，整理画面整体效果。把服装效果图和款式图进行组合，形成完整的服装设计效果图。如果是复杂的主题设计还可以增加面料和辅料小样，注意调整画面整体布局（图 9-2-4）。

图 9-2-1　第 1 步　　　　　　　图 9-2-2　第 2 步　　　　　　　图 9-2-3　第 3 步（作者：田甜）

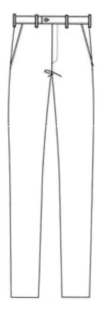

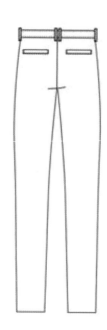

图 9-2-4　第 4 步

第 3 节　男裤制板

一、男裤量体

（1）**裤长（L）**　人体自然站立，从侧腰处量至脚踝部外侧凸点，此尺寸为裤子的基本长度（图 9-3-1）。

（2）**上裆**　坐姿时，从腰围线量至凳面的距离，或立姿时从腰围线量至大腿根的距离（也可根据 H／4 计算，不包括腰宽）。

（3）**腰围（W）**　围量腰围最细处一周所得的尺寸，并加放 2～3cm 的松量（图 9-3-2）。

（4）**臀围（H）**　围量臀部最丰满处一周所得尺寸，通常加放 10～12cm 的基本松量（臀围松量可根据裤子的款式和造型加放相应的松量）（图 9-3-3）。

（5）**横裆**　围量腿根围一周，所得尺寸加放适当的松量（图 9-3-4）。

（6）**裤口**　可根据脚踝围一周的围度确定裤口大小（一般脚踝围一周为半裤口尺寸），也可根据款式需要而定（或按鞋的尺码确定裤口的大小）。

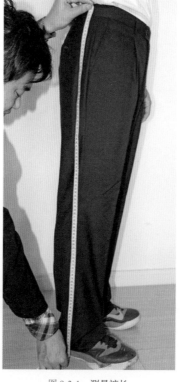

图 9-3-1　测量裤长

图 9-3-2　测量腰围

图 9-3-3　测量臀围

图 9-3-4　测量横裆

二、男裤制板——西裤

（一）西裤制板规格

（1）**规格尺寸** 通过量体，确定制板规格见表 9-3-1。

表 9-3-1 男裤规格尺寸

号型	裤长	立裆	腰围	臀围	裤口	备注
180 / 86A	107cm	27cm	88cm	108cm	22cm	—

（2）**款式说明** 此款为前开口，前片腰口处有一个平行活褶，侧缝两个斜插兜，后片两个双开线挖兜，腰部共有 6 根串带。臀围较宽松，裤口略小，整体呈上宽下窄的造型（图 9-3-5）。

（3）**材料** 因是相对较宽松的裤子，所以适合选择精纺薄型毛料、羊绒或普通的毛 / 涤面料。

（二）西裤制板步骤和制板公式

男裤结构图如图 9-3-6 所示。

1. 绘制前片结构线

根据以下计算方法确定前片结构线尺寸并依序绘制出各条结构线。

① 裤片长：实际裤长－腰宽（3cm）。

② 立裆线：立裆尺寸－腰宽（3cm）。

③ 臀围线：立裆的 2/3 处。

④ 膝围线：下平线至臀围线 1/2 往上 2cm。

⑤ 前臀围：H/4 － 1.5cm。

⑥ 小裆宽：H/20 － 2cm。

⑦ 裤中线：小裆宽至侧缝撇势的 1/2。

⑧ 前腰围：W/4 － 1.5cm+ 褶量（3cm）。

⑨ 撇腹量：1 ~ 1.5cm。

⑩ 前裤口：裤口尺寸－ 1cm。

⑪ 兜位：由腰围线与侧缝线的交点向裤中线方向移进 3.5cm 处，向侧缝方向量 17.5cm。

⑫ 袋口大：15cm。

图 9-3-5 男裤效果图

2. 绘制后片结构线

根据以下计算方法确定后片结构线尺寸并依序绘制出各条结构线。

① 裤片长：实际裤长－腰宽（3cm）。

② 立裆线：立裆尺寸－腰宽（3cm）（立裆线下移 1cm）。

③ 臀围线：立裆的 2/3 处。

④ 膝围线：下平线至臀围线 1/2 往上 2cm。

⑤ 后臀围：H/4+1.5cm。

⑥ 大裆宽：H/10 － 0.5cm。

⑦ 裤中线：H/5 － 2.5cm。

⑧ 后腰围：W/4+1.5+ 褶量（3cm）。

⑨ 后裤口：裤口尺寸 +1cm。

⑩ 后腰口翘高：2.5 ~ 3cm。

⑪ 省大：各 1.5cm。

3. 绘制零部件结构线

基础男裤零部件包括腰面、底襟、垫兜、串带等，其尺寸如下。

① 腰面：宽3cm，长为腰围尺寸×1/2+8cm。

② 门襟：宽3cm，长18cm。

③ 底襟：宽4cm，长21cm。

④ 后垫兜：宽8cm，长18cm。

⑤ 后兜牙子：宽5cm，长18cm。

⑥ 串带：宽5cm，长9cm。

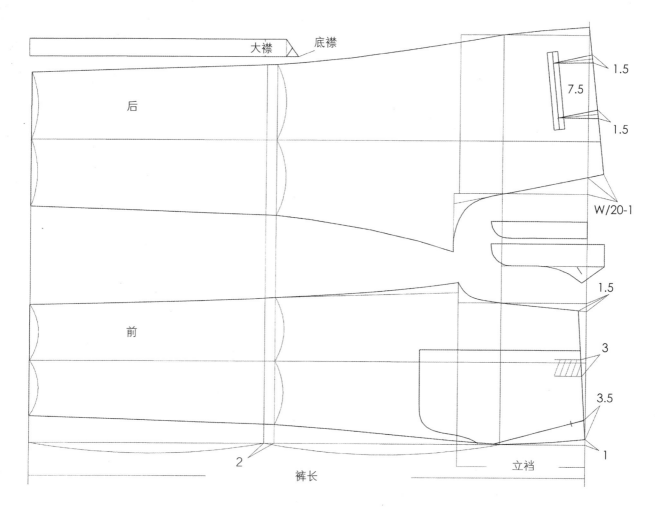

图9-3-6　男裤结构图

第 4 节　男裤裁剪

一、男裤裁剪规格

1. 男裤算料方法和材料准备（表 9-4-1）

表 9-4-1　男裤算料方法和材料准备

名称	规格	算料方法	用量
面料	144cm 幅宽	1 个裤长 +10cm	115cm
里料	144cm 幅宽	90cm	90cm
衬料	90cm 幅宽	—	20cm
扣	1.3cm 直径	3 粒 +1 粒备扣	4 粒
腰衬	—	实际腰大 +20cm	—
腰里	—	实际腰大 +20cm	—
拉链	普通	—	1 条
裤勾	—	—	1 副
备注	特殊尺寸应根据实际排料计算		

2. 男裤裁片规格（表 9-4-2）

表 9-4-2　男裤裁片规格

部位	片数	丝道	缝份	贴边
前片	2 片	直丝	1cm	4cm
后片	2 片	直丝	裆缝腰口处 2.5 ~ 3cm，其他部位 1cm	4cm
腰面	2 片	直丝	1cm	—
侧兜垫兜	2 片	直丝	—	—
后兜垫兜	2 片	横丝	—	—
后兜牙子	4 片	直丝	—	—
门襟、底襟	3 片	直丝	1cm	—
串带	6 片	直丝	—	—

二、男裤裁剪工艺要求

1. 男裤裁片拼接要求

腰头面、里允许拼接一处，拼缝在后中缝。后片下裆可拼裬，长不可超过 20cm，宽不大于 6cm，窄不小于 3cm，拼缝处为直纱，如有严格要求时，后裤片不得拼裬。

2. 经纬纱向

前身：经纱以烫迹线为准，臀围线以下偏斜不大于 0.5cm，条格料不允斜。

后身：经纱以烫迹线为准，中裆以下偏斜不大于 1.0cm。

腰头：经纱偏斜不大于 0.3cm，条格料不允斜。

3. 对条、对格

面料有明显条、格在 1.0cm 及以上的要对条、对格。

侧缝：侧缝袋口下 10cm 处格料对横，互差不大于 0.2cm。

后裆缝：格料对横，互差不大于 0.3cm。

带盖与大身：条料对条，格料对横，互差不大于 0.2cm。

4. 倒顺毛、阴阳格

原料顺向一致。

三、男裤裁剪步骤

裁片纱向按板制作（表 9-4-3）。

表 9-4-3　裁片纱向

类别	裁片名称	纱向
面	前片、后片、腰面、垫兜、底襟、门襟、串带、后兜牙子、后兜垫兜	经
里	前片膝绸	经
兜布	侧兜兜布、后兜兜布	经
辅料 1	腰里	45° 斜裁
辅料 2	腰衬、扣子、拉链	—

第 1 步，面料排板、画板、裁剪（图 9-4-1 ～图 9-4-3）。

第 2 步，里料膝绸画板、裁剪（图 9-4-4、图 9-4-5）。

第 3 步，兜布排板、画板、裁剪（图 9-4-6 ～图 9-4-8）。

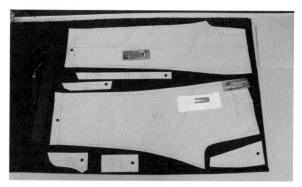

图 9-4-1　男裤面料排板

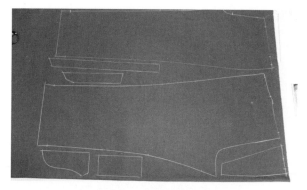

图 9-4-2　男裤面料画板

图 9-4-3　男裤面料裁剪

图 9-4-4　膝绸画板

图 9-4-5　膝绸裁剪

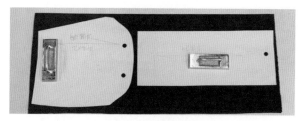

图 9-4-6　兜布排板

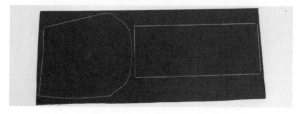

图 9-4-7　兜布画板

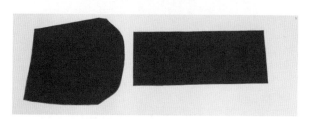

图 9-4-8　兜布裁剪

第 5 节　男裤缝制

一、男裤缝制工艺流程

男裤缝制工艺流程见表 9-5-1。

表 9-5-1　男裤缝制工艺流程表

工序	缝制流程		
准备工作	• 审核纸样　　• 裁剪面料　　• 裁剪里料		
制作裤子	裤面		前片膝绸
	缉缝省道→挖后兜→做侧缝兜→缝合侧缝→缝合裆缝→安装拉链→绱腰		处理下摆→与前裤片缝合
重点部位工艺流程	做后兜	画兜位→固定兜布→扣烫后兜牙子→缉上下兜牙子→开兜口→封兜口结子→缉垫兜→勾兜布暗线→缉兜布明线→缉兜口暗线	
	侧缝兜	兜口粘嵌条→缉垫兜→勾兜布→缉兜口明线→封兜口结子	
	安装拉链	缉门襟暗线→明线→勾底襟→缉拉链→绱底襟拉链→缉门襟拉链→缉门襟明线	
	做腰头	粘塑脂衬→做腰里→腰里腰面缉合→腰里缉明线	

二、男裤缝制步骤及难点分析

第 1 步，做标记。制作前先净片，刀口要准，丝道要直顺，所有裁片要复板、核对尺寸单。按样板分别在前、后裤片的省位、兜位、拉链位、做缝位置处做剪口和标记。

第 2 步，粘衬。粘衬工艺按表 9-5-2 执行。

表 9-5-2　粘衬工艺

粘衬部位	备注
腰面、后兜牙子、门襟、底襟	无纺衬
侧缝兜口	1.0cm 嵌条

注：1. 压烫条件（参考）：温度为 130 ~ 140℃，压力为 150 ~ 250kPa，持续时间为 15 ~ 18s。

　　2. 干热尺寸变化率试验采用"衬 + 标准面料"压烫方式。

第 3 步，打线钉（图 9-5-1）。前兜口粘 1cm 无纺嵌条，后兜口粘 2cm 无纺嵌条。

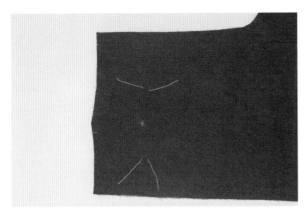

图 9-5-1　打线钉

图 9-5-2　覆前片里料

第4步，覆前片里料，用大针缉固定两侧（图9-5-2）。

第5步，做前侧兜。由于兜口是斜的，做侧兜时不要抻拉，以免出现波浪（图9-5-3）。

第6步，做后兜。将烫好的上下兜牙标上0.5cm和兜口长度的线迹，按画好的线迹缉兜口线（图9-5-4），一定要保持两条线平行（图9-5-5），开兜烫平保持兜口四个角是90°不能毛漏（图9-5-6）。固定后兜牙子（图9-5-7），缉后兜垫兜（图9-5-8）、勾后兜布（图9-5-9）。

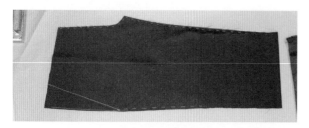

图 9-5-3　做前侧兜

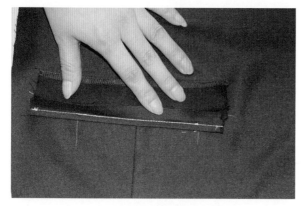

图 9-5-4　按画好的线迹缉兜口线

图 9-5-5　要保持两条线平行

图 9-5-6　开兜烫平保持兜口四个角是90°不能毛漏

图 9-5-7　固定后兜牙子

图 9-5-8　缉后兜垫兜

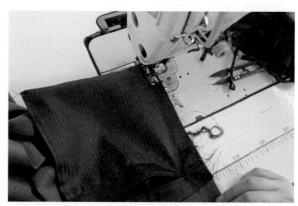

图 9-5-9　勾后兜布

第 7 步，裤子后片归拔。裤子后片横裆需要归拔出 0.5cm。

第 8 步，合侧缝。上腰口向下量 25cm 处，再向下量 15cm，需要轻推后裤片。

第 9 步，烫脚口折边（图 9-5-10）。

第 10 步，合前立裆。前裆合到前门拉链的剪口点上（图 9-5-11）。

第 11 步，上拉链。将门襟与裤子的左边复合缉 1cm 的暗线，底襟与拉链和右片复合，复合门襟、拉锁时都要超出拉链剪口 1.5cm，烫平后按板缉门襟明线，线迹要圆顺（图 9-5-12 ~ 图 9-5-18）。

图 9-5-10　烫脚口折边

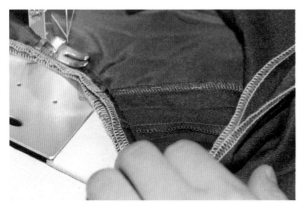

图 9-5-11　合前立裆

图 9-5-12　确定拉链位置

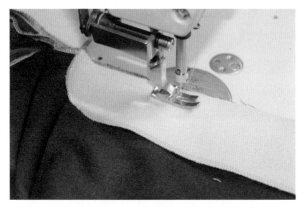

图 9-5-13　将门襟与裤子的左边缉合

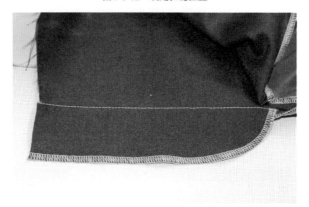

图 9-5-14　门襟缉 0.1cm 的明线

图 9-5-15　底襟与拉链缉合（双线）

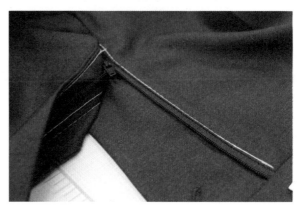

图 9-5-16　底襟处明线（正面）

图 9-5-17　底襟处明线（反面）

图 9-5-18　门襟、底襟完成图

第 12 步，做腰。把裁好的腰面按腰围的长度粘塑脂硬衬（图 9-5-19、图 9-5-20），腰里粘有纺衬。先将腰里的上下拼接复合，中间加有 0.3cm 的牙子，拼接处有 0.1cm 的明线（图 9-5-21、图 9-5-22），再与腰面拼接缉 0.1cm 暗明线（图 9-5-23），按腰衬的硬度边缘烫平、烫顺（图 9-5-24）。

图 9-5-19　腰面裁片

图 9-5-20　按腰围的长度粘塑纸硬衬

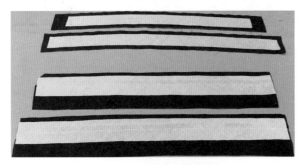

图 9-5-21　腰里粘斜丝腰衬

图 9-5-22　将腰里的上下拼接复合、缉明线

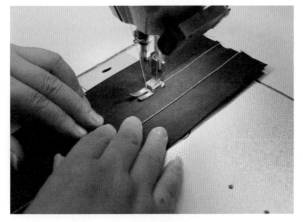

图 9-5-23　与腰面拼接缉 0.1cm 暗明线

图 9-5-24　按腰衬的硬度边缘烫平、烫顺

　　第 13 步，绱腰。首先按工艺要求固定裤襻，1cm 缝份绱腰，然后双线合后裆缝、分缝（图 9-5-25 ～图 9-5-28）。勾缉门襟处腰面（图 9-5-29），安装裤勾（图 9-5-30），左侧腰里处缉洗涤说明标（图 9-5-31）。勾缉底襟（图 9-5-32），安装裤襻（图 9-5-33），腰面灌缝（图 9-5-34、图 9-5-35），缉门襟、底襟明线，固定串带（图 9-5-36、图 9-5-37），固定腰里（图 9-5-38），绱腰完成（图 9-5-39）。

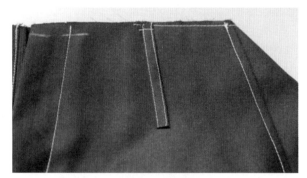

图 9-5-25　固定串带

图 9-5-26　双线合后裆缝

图 9-5-27　熨烫后裆缝面

图 9-5-28　熨烫后裆缝里

图 9-5-29　勾缉门襟处腰面

图 9-5-30　门襟安裤勾、锁眼

图 9-5-31　左侧腰里安装商标、洗涤说明

图 9-5-32　勾缉底襟

图 9-5-33　安装裤襻

图 9-5-34　腰面灌缝（正面）

图 9-5-35　腰面灌缝（反面）

图 9-5-36　固定串带 -1

图 9-5-37　固定串带 -2

图 9-5-38　固定腰里

图 9-5-39　绱腰完成图

第 14 步，整烫（图 9-5-40 ~ 图 9-5-45）。

① 各部位熨烫平服、整洁，无烫黄、水渍、亮光。烫迹线顺直，臀部圆顺，裤脚平直。

② 覆黏合衬部位不允许有脱胶、渗胶及起皱，各部位表面不允许有沾胶。

图 9-5-40 熨烫侧缝缝份

图 9-5-41 熨烫侧缝

图 9-5-42 熨烫侧缝兜部位

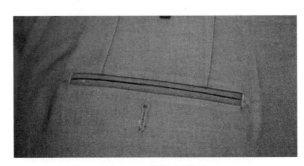

图 9-5-43 熨烫后兜部位

图 9-5-44 熨烫门襟拉链部位

图 9-5-45 拉链里侧效果图

第 6 节 男裤设计与制作评价

一、男裤设计评价标准

男裤设计评价标准见表 9-6-1。

表 9-6-1 男裤设计评价标准表

项目名称	评价内容	自评 / 互评（5分）			师评（5分）			总评（5分）
		优秀（1分）	合格（0.5）	不合格（0分）	优秀（1分）	合格（0.5）	不合格（0分）	
男裤设计	1. 款式设计主题体现							
	2. 结构造型设计、细节设计的合理性及绘制的效果							
	3. 色彩搭配绘制效果							
	4. 面辅料搭配及绘制效果							
	5. 整体元素设计及搭配效果							

二、男裤制作工艺标准

1. 裤子外观质量要求（表 9-6-2）

表 9-6-2　裤子外观质量要求

部位名称	外观质量要求
腰头	里、面、衬平服，松紧适宜
门襟、底襟	里、面、衬平服，松紧适宜，长短互差不大于 0.3cm，门襟不短于底襟
前、后裆	圆顺、平服，裆底十字缝互差不大于 0.2cm
串带	长短、宽窄一致；位置准确、对称；前后互差不大于 0.4cm，高低互差不大于 0.2cm
裤袋	袋位高低、袋口大小互差不大于 0.5cm，前后互差不大于 0.3cm，袋口顺直平服。袋布缝制牢固
裤腿	两裤腿长短、肥瘦互差不大于 0.3cm
裤口	两裤口大小互差不大于 0.3cm；吊脚不大于 0.5cm；裤脚前后互差不大于 1.5cm；裤口边缘顺直

2. 裤子缺陷判定依据（表 9-6-3）

表 9-6-3　裤子缺陷判定依据

项目	序号	轻缺陷	重缺陷	严重缺陷
辅料	1	辅料的色泽、色调与面料不相适应	辅料的性能与面料不适应	拉链、纽扣等附件脱落；金属附件锈蚀
对格对条	2	对格对条超过标准规定 50% 及以内	对格对条超过标准规定 50% 以上	倒顺毛、阴阳格原料全身顺向不一致
拼接	3	—	拼接不符合规定	—
整烫外观	4	熨烫不平服；烫迹线不顺直；臀部不圆顺；裤脚不平直	轻微烫黄、变色、亮光	烫黄、变色，严重影响使用和美观
外观及缝制质量	5	—	使用黏合衬部位脱胶、渗胶、起皱	使用黏合衬部位脱胶、渗胶、起皱，严重影响使用和美观
	6	表面有 3 根及以上大于 1.5cm 的连根线头	表面部位毛、脱、漏	表面部位毛、脱、漏，严重影响使用和美观
	7	腰面、腰里、腰衬不平服，松紧不适宜；腰里明显反吐；绱腰明显不顺	—	—
	8	串带长短互差大于 0.4cm，宽窄、前后、高低互差大于 0.2cm	串带钉的不牢（一端掀起）	—
	9	省道长短或左右不对称，互差不大于 0.8cm	—	—
	10	门襟、底襟长短互差大于 0.3cm；门襟短于底襟；门襟止口明显反吐；门襻缝合松紧不平	—	—
	11	前、后裆缉缝不圆顺、不平服；下裆十字缝互差大于 0.2cm	—	—
	12	袋位高低、袋口大小互差大于 0.5cm；前后互差不大于 0.3cm；袋口不直顺或不平服	—	—
	13	后袋盖不圆顺、不方正、不平服；袋盖里明显反吐；嵌线宽窄大于 0.2cm；袋盖小于袋口 0.3cm 以上	袋口明显毛露	—
	14	袋布垫布不平服；垫料未折光边或未包缝	—	袋布脱、漏
	15	袋口两端封口不整洁	袋口两端封口不牢固	—
	16	侧缝不顺、不平服；缝子没分开	—	—
	17	侧缝与下裆缝不相对，（裤烫迹线错位）；裤脚口处两缝互差大于 0.5cm	—	—
	18	两裤腿长短或肥瘦不一致，互差大于 0.3cm	两裤腿长短或肥瘦不一致，互差大于 0.8cm	—
	19	两裤腿左右大小不一致，互差大于 0.3cm	两裤腿左右大小不一致，互差大于 0.6cm	—
	20	裤下口不齐，吊脚大于 0.5cm；裤脚前后互差大于 1.5cm	裤下口明显不齐，吊脚大于 1cm；裤脚前后互差大于 2cm	—
	21	裤脚口折边宽窄不一致	—	—
	22	缝份宽度小于 0.8cm	缝份宽度小于 0.5cm	—
	23	缝纫线路明显不顺直；面线、底线松紧不适宜，底线外露	缝纫线路严重歪曲；底线明显外露	—

续表

项目	序号	轻缺陷	重缺陷	严重缺陷
外观及缝制质量	24	缝纫线迹 30cm 内出现两个单跳或连续跳针；明线接线	明线或链式线迹跳针；明线双轨	明暗线或链式线迹断线、脱线（装饰线除外）
	25	—	侧缝袋口下端打结以上 5cm 至以下 10cm 之间、下裆缝上 1/2 处、后裆缝、小裆缝未缉两道线或链式线迹缝制	—
	26	针距密度低于标准规定 2 针以内（包括 2 针）	针距密度低于标准规定 2 针以上	—
	27	锁眼偏斜；锁眼间距互差大于 0.3cm；偏斜大于 0.2cm，纱线绽出	锁眼跳、开线；锁眼毛漏	锁眼漏开眼
	28	扣与眼位互差大于 0.2cm；缠脚线高度与止口厚度不适应；钉扣不牢	扣与眼位互差大于 0.5cm	—
	29	绱拉链明显不平服、不顺直；拉链基布的色调与面料不适应	绱拉链宽窄互差大于 0.5cm	—

注：1. 严重缺陷为无商标、烫黄、破损等。

2. 上述各类缺陷按序号各记一处。

3. 凡丢工、少序、错序均为重缺陷。

三、男裤制作评价标准

男裤制作评价标准见表 9-6-4。

表 9-6-4　男裤制作评价标准表

项目名称	评价内容	自评 / 互评 （10 分）			师评 （10 分）			总评 （10 分）
		优秀 （1 分）	合格 （0.5）	不合格 （0 分）	优秀 （1 分）	合格 （0.5）	不合格 （0 分）	
男裤制作	1. 各部位裁剪规格							
	2. 侧缝兜制作							
	3. 后兜制作							
	4. 兜布缝制整齐、明线缉线圆顺							
	5. 缝合侧缝、下裆缝、裆缝							
	6. 底襟、拉链							
	7. 裤腰的制作与安装							
	8. 串带宽窄、长短、位置对称							
	9. 外观平复、整洁							
	10. 各部位规格偏差							

习题

1. 掌握基础男裤的测量方法，梳理男裤测量的步骤并记录测量完整数据。

2. 完成指定简单主题男裤设计并完成裁剪图 1 张。

3. 在规定时间完成指定简单主题男裤缝制 1 件。

第 10 章

男上装设计与制作

学习目标

1. 本章通过对第 43 届世界技能大赛中国代表团制服男上装学习，要求掌握简单男上装（男西服）设计原理及方法。

2. 了解男上装（男西服）款式图、效果图的绘制流程，掌握男上装（男西服）款式图、效果图绘制的基本技能。

3. 掌握基础男上装（男西服）制板、缝制流程及操作技能。

4. 掌握项目各个关键环节评价内容及要点。

第 1 节　男上装（男西服）设计款式图绘制

第 1 步，绘制男上装（男西服）款式图草图（图 10-1-1）。

第 2 步，勾画出上装外形轮廓，画出男上装（男西服）的大体比例及中轴线（图 10-1-2）。

第 3 步，刻画男上装（男西服）局部结构及细节。绘制男上装（男西服）的内部结构线，把握虚线和实线的粗细表现，同时要体现出结构线准确的分割位置，例如细致刻画缉线的宽度和位置等细节。用 0.5mm 或 0.3mm 的针管笔绘制男上装（男西服）款式图局部细节，明线的表现要比外轮廓线细，用 1.0mm 的针管笔绘制外轮廓线和男上装（男西服）的结构线，体现层次感和主次感（图 10-1-3）。

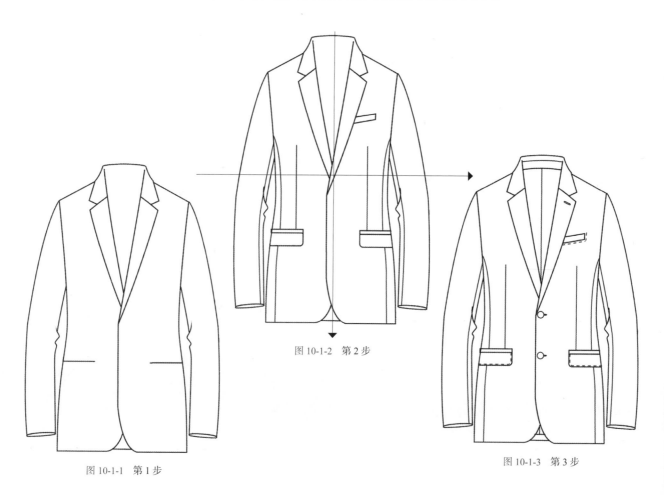

图 10-1-2　第 2 步

图 10-1-1　第 1 步

图 10-1-3　第 3 步

第 4 步，画背面图。绘制男上装（男西服）款式图的背面步骤与正面步骤相同，重点把握外轮廓线同内部结构线表现方式的不同（图 10-1-4）。

第 5 步，整理完成。整理结构线和外轮廓线，使其顺滑和圆润（图 10-1-5）。

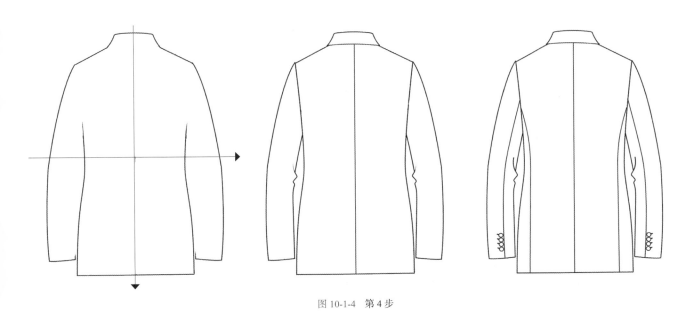

图 10-1-4　第 4 步

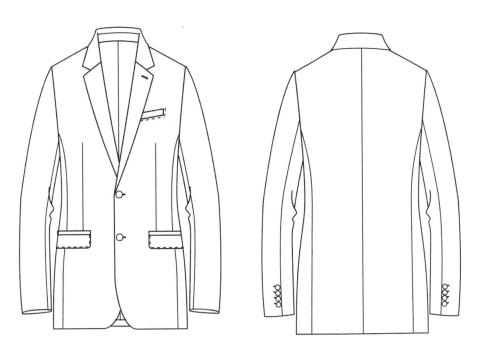

图 10-1-5　第 5 步（作者：安晓冬、刘家龙）

第2节　男上装（男西服）设计效果图绘制

第1步，绘制效果图草图。选择合适的男模人体动势，绘制效果图草图外轮廓。明确男上装（男西服）具体的款式造型和局部结构。把握男上装（男西服）的具体分割比例同人体模特之间的比例关系，同时还需要注意男上装（男西服）的外轮廓线要在男人体模特的外侧，掌控好服装同人体的贴合程度（图10-2-1）。

第2步，男上装（男西服）效果图细节刻画。绘制男上装（男西服）款式结构细节，体现材料的肌理和面料的颜色，注意把握空间关系、人体骨骼同服装面料产生的褶皱关系（图10-2-2）。

图10-2-1　第1步

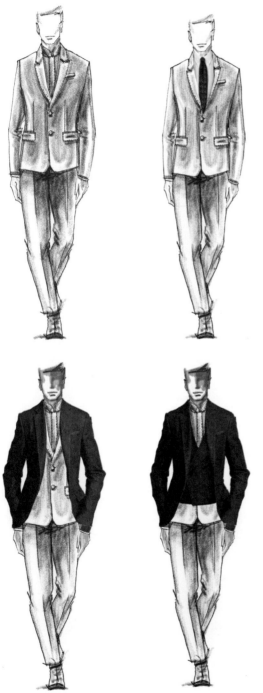

图10-2-2　第2步

第3步，选择真人人体模型图与款式图合并。绘制男上装（男西服）材质效果，刻画男上装（男西服）外轮廓及结构细节（图10-2-3）。

第4步，整理画面整体效果。把服装效果图和款式图进行组合，形成完整的服装设计效果图。如果是复杂的主题设计还可以增加面料和辅料小样，注意近大远小的透视效果，要体现立体效果，可以使用"减淡"或"加深"工具进行明暗处理。

图 10-2-3　第 3 步

图 10-2-4　第 4 步（作者：安晓冬、田甜、刘家龙）

第 3 节　男上装结构和造型

一、男上装的基本结构

男上装（男西服）的衣身结构分割大体有两种：一种为三开身结构，一种为四开身结构。依据人体形态，结合服装款型，并以成品胸围尺寸为依据，采用三开身和四开身比例分配。

1. 三开身结构

也称三分法，即胸围尺寸的 2／3 为前身，胸围尺寸的 1／3 为后身，这种分割方法是根据人体躯干形态的前胸宽、后背宽和袖窿门宽三个部位的宽度所占胸围比例基本相同的体态特点而设置的，断身线位于后宽处。这种结构的正面通过胸省塑造出胸腰间的起伏变化，背面通过背缝线的形状变化，塑造出背部的立体形态（图10-3-1）。在三开身服装的制图中，肋省的形状和侧缝线的形状，体现人体本身的自然起伏变化，通过采取撇胸线、肋省、侧缝线、背缝线等分割线的造型处理，多角度进行立体造型处理。因此三开身结构造型裁剪的服装，造型严谨，线条流畅，适合人体立体造型。

例如，西装、中山装、军便服、学生装以及各类制服都采用三开身结构。

2. 四开身结构

也称四分法，即前、后胸围各为 1／4（图10-3-2）。分割位置在袖窿门的中间（人体腋窝中间），我国传统的中式对襟衫就是以这种比例分割的。四开身分割方法的结构形式简洁、随意，穿着宽松舒适，线条简洁，常用于宽松、休闲和时装类的服装。

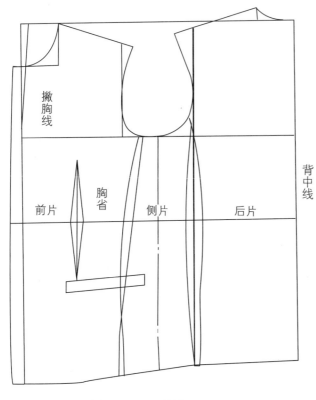

图 10-3-1 三开身结构图

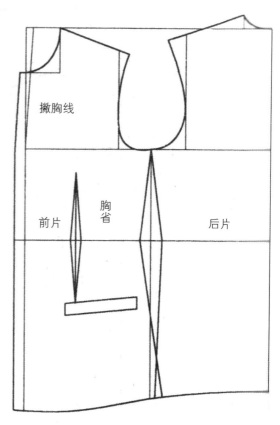

图 10-3-2 四开身结构图

二、男上装构成及造型特点

1. 男上装构成的基本因素

男上装的结构因素是由"三长"（腰节长、衣长、袖长）、"三宽"（肩宽、前宽、背宽）、"四围"（颈围、胸围、腰围、臀围），以及袖子上"二肥"（袖根肥、袖口肥）所组成的。在这些因素中，衣长、腰节长是长度的主要因素，胸围、肩宽是围度的主要因素。

2. 男上装主要部位的造型特点

男上装衣身造型构成的基本因素是由肩、胸、腰和摆等围度与衣长以及各部位的长度相互连接、协调成型的。

（1）**肩部** 男体肩部宽大，两肩头距离宽于胸，更宽于臀，是躯干的最宽部位。而且肩的斜度小，肩头肌肉发达强健，是男体特征之一。服装肩头式样是以体型为依据，结合品种造型以及结构的需要作出肩的宽度及肩的斜度的不同处理，该部位属于微变因素。

（2）**胸部** 男体胸部宽大、厚实，男上装胸部造型虽然要求丰满，但一般胸峰不明显。胸围松量的多与少对造型有着直接的影响，胸围围度是造型变化的主要条件，属于变化因素。

（3）**腰围** 男体腰围比女体偏低且粗，上装的收腰不宜过大。男上装的腰围大与小要依据服装品种整体造型的需要而定，该围度属于过度因素。

（4）**下摆围** 下摆（底边）是衣长的终止位，男体臀部较小，一般服装品种摆围不宜过大。摆围的大小对整体造型有着直接影响，它与胸围、腰围相连接绘制出不同的造型效果，该部位属于变化因素。

（5）**袖子** 男体臂根粗壮，因此决定了男上装的袖根肥度较大。袖根围度是以袖窿造型结构需要而配置的，因此，袖根围从属于袖窿围，为从属因素。

袖口的围度又是以袖根围和品种造型的需要而拟定的，该部位属于变化因素。

（6）**领型** 男体脖颈粗而短，为弥补这一不足，增加脖颈长度的外观感，一般都以领子与颈部较贴近为主。周围不过多离开脖颈。例如，穿西服时，由于它的领座偏低，露出的脖根较多，与衬衫领带的搭配，较好地衬托出脖颈增高的外观感。

领型是服装整体外观的主要组成部分，对服装款型的衬托和协调有着直接影响，要因人、因品种款式而定。

三、男西服的基本形态和变化

1. 男西服的基本形态

男西服的外形和款式随流行趋势的变化而变化，其外形一般分为三种，即 H 形、X 形、V 形。这三种形式从人体背面的着装形态进行观察会很容易区分的（图 10-3-3）。

2. 男西服形态的变化

随着社会的变革，在西装的基本形态基础上，人们根据习惯、流行、爱好等原因，对男西服进行重新组合和结构形式上的变化。

男西服的形态可由以下形式自由组合。

① 扣子和领子可以设计为单排两粒或三粒扣、平驳头，双排四粒或六粒扣戗驳头（图 10-3-4）。

② 两侧挖兜可以设计成夹袋盖或双开线形式。

③ 后开衩可有可无，还可以设计成明开衩、侧开衩形式（图 10-3-5）。

④ 袖开衩在工艺上可设计为真开衩、假开衩，装饰扣可以从一粒到四粒（图 10-3-6）。

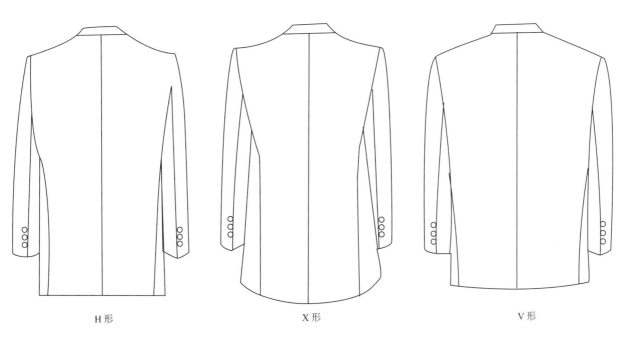

| H 形 | X 形 | V 形 |

图 10-3-3　男西装基本外形

图 10-3-4　双排四粒扣戗驳头西服

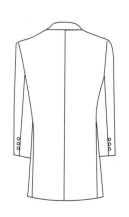

图 10-3-5　后开衩的四种形式

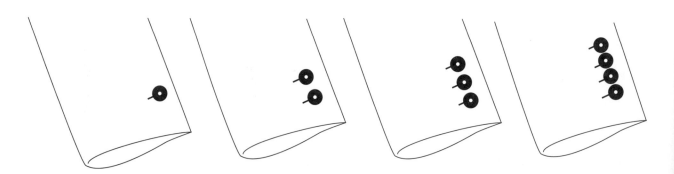

图 10-3-6　袖开衩装饰扣的设计

第4节　男上装制板

一、男上装量体

（1）**后衣长**　由背部第七颈椎点为起点，量至地面距离的1/2处或所需长度，为后衣长尺寸（图10-4-1）。

（2）**总肩宽**　由左肩骨端处为起点，皮尺呈弧形通过后脖根，量至右肩骨端处，加放松度2~3cm（图10-4-2）。

（3）**胸围**　围量腋下胸部最丰满处一周，皮尺前后呈水平状态，贴身平量，能放入两指转动，所得尺寸加放松度15~18cm（图10-4-3）。

（4）**袖长**　由左肩骨端处为起点，量至腕骨以下2cm（图10-4-4）。

（5）**袖口**　围量腕骨一周，为半袖口尺寸。

图 10-4-1　测量后衣长

图 10-4-2　测量总肩宽

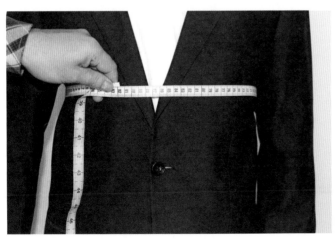

图 10-4-3　测量胸围

图 10-4-4　测量袖长

二、男上装制板——男西服

（一）男上装（男西服）规格

（1）规格尺寸表　通过量体，确定制板规格见表10-4-1。

表10-4-1　男上装（男西服）规格尺寸

号型	后衣长	总肩宽	胸围	袖长	袖口	备注
180／92A	78cm	46cm	108cm	61.5cm	14.5cm	—

（2）款式说明　此款为单排两粒扣，平驳头，圆下摆，三开身，三个挖兜（其中左胸前一个手巾兜，大身两个挖兜，带兜盖），后身破缝、有开气，外观造型呈"T"型，袖子为两片袖，有袖开衩，三粒装饰扣（图10-4-5）。

（3）材料　根据穿着场合的不同，可以选择精纺薄型毛料、羊绒或普通的毛/涤面料。

（二）男上装（男西服）制板步骤

男西服结构图如图10-4-6所示。

1. 绘制男西服后身结构线

① 后衣长：衣长实际尺寸

② 袖窿深：胸围/6+8cm。

③ 腰节线：衣长/2+5cm。

④ 后领宽：胸围/20+3cm。

⑤ 后领翘：定寸2.5cm。

⑥ 后肩宽：总肩宽1/2。

⑦ 肩高：定寸2cm。

⑧ 背宽：总肩宽1/2 － 1.5cm。

⑨ 袖窿翘：肩高线至袖窿深线1/4。

图10-4-5　男上装（男西服）效果图

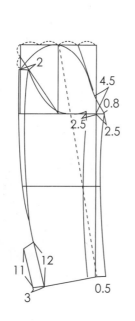
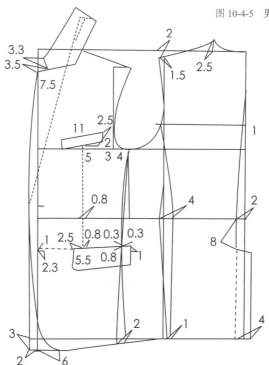

图10-4-6　男西服结构图

2. 绘制前身结构图

将后片上平线、袖窿翘线、袖窿深线、腰节线、下平线延长。

① 胸围：胸围 /2 − 背宽 + 1.5cm。

② 领宽线：胸围 /20 + 4.5cm。

③ 撇胸：1.5cm。

④ 肩高：胸围 /20-1cm。

⑤ 前宽：胸围 /6 + 4.5cm。

⑥ 前小肩宽：后小肩斜线 − 0.7。

⑦ 最下扣位：1/3 衣长尺寸 − 3.5cm。

⑧ 扣距：12cm。

⑨ 扣眼大：2.3cm。

⑩ 小兜位：齐袖窿深线。

⑪ 小兜口大：11cm。

⑫ 小兜板宽：2.5cm。

⑬ 大兜位：腰节线向下 8cm。

⑭ 大兜口大：15.5cm。

⑮ 兜盖宽：5.5cm。

⑯ 驳头宽：7.5cm；驳嘴宽：3.5cm；领嘴：3.3cm。

3. 绘制袖子结构图

袖窿长 AH=54cm。

① 袖长：袖长实际尺寸。

② 袖深：袖窿长 /3。

③ 袖弯定点：袖深 /4。

④ 袖肘线：袖弯定点至袖口 /2。

⑤ 袖根肥：袖窿长 /2 − 2.5cm。

⑥ 袖山高：袖深 /3。

第 5 节　男上装（男西服）裁剪

一、男西服裁剪规格

1. 男西服算料方法（表 10-5-1）

表 10-5-1　男西服算料方法

名称	规格	算料方法	用量
面料	144cm 幅宽	1 衣长 +1 袖长 +30cm	约 170cm
里料	144cm 幅宽	1 衣长 +1 袖长 +20cm	约 160cm
有纺衬	90cm 幅宽	2 衣长	约 160cm
无纺衬	110cm 幅宽	—	50cm
黑炭衬（毛衬）	90cm 幅宽	1 腰节长 +10cm	约 60cm
胸绒	110cm 幅宽	1 腰节高 +10cm	约 60cm
扣	—	中扣 3 粒，小扣 7 粒	共 10 粒
垫肩	—	—	1 付
牵条	—	直丝 3m，子母牵条 80cm	—
备注	黑炭衬、胸绒、领绒可购买成品		

2. 男西服面料裁剪规格（表 10-5-2）

表 10-5-2　男西服面料裁剪规格

部位	纱向		片数	缝份	贴边
前片	前中央线	直丝	2	1cm	4cm
后片	后中央基线	直丝	2	背缝 1.5～2cm，其他 1cm	4cm
大袖	前偏袖线	直丝	2	1cm	4cm
小袖	前偏袖线	直丝	2	1cm	4cm
领面	长度	横丝	1	1 周均为 2cm	—
领底	长度	斜丝 45°	2	1cm	领底绒
过面	长度驳头长 2/3	直丝	2	肩部、领口、驳头处 1.5cm，其他部位 1cm	4cm
兜盖	长度横丝		2	1.5cm	
兜牙子	长度	直丝	4	—	
手巾兜	长度与衣片相符	横丝	2	—	—

3. 男西服里料裁剪规格（表 10-5-3）

表 10-5-3　男西服里料裁剪规格

部位	纱向		片数
前片	前中央线	直丝	2
后片	后中央基线	直丝	2
大袖	前偏袖线	直丝	2
小袖	前偏袖线	直丝	2
兜盖里	长度	横丝	2
大兜垫兜	长度	直丝	2
里兜牙子	长度	直丝	6
里兜垫兜	长度	直丝	3

4. 男西服辅料裁剪规格（表 10-5-4）

表 10-5-4　男西服辅料裁剪规格

部位	片数	部位	片数	部位	片数
大兜兜布	4	前中有纺衬	2	大兜盖无纺衬	2
里兜兜布	4	腋下片有纺衬	2	里兜牙无纺衬	2
手巾兜布	2	过面有纺衬	2	手巾兜无纺衬	1
毛衬	2	领面有纺衬	1	大兜盖无纺衬	2
胸绒	2	领底绒有纺衬	1		
肩头衬	2	袖口无纺衬	大、小各 2		

5. 男西服裁片要求（表 10-5-5）

在不影响产品质量要求的情况下，男西服过面可以拼接，拼接允许在最上一扣位以下，最短不可短于 10cm，一拼二接，避开扣眼位，其他各部位均不可拼接。

表 10-5-5　男西服裁片要求

类别	裁片名称	纱向
面 1	前中片、腋下片、后片、过面、大袖、小袖、兜牙子	经
面 2	兜盖、领面、手巾兜面、手巾兜垫兜	与大身顺丝
里 1	前中片、腋下片、后片、大袖、小袖、里兜牙子	经
里 2	大兜盖里、大兜垫兜、里兜垫兜 大兜兜布、里兜兜布、手巾兜布	纬
有纺衬	前中片、腋下片、过面、领面、领底绒、后片领口、后袖窿	经纱、领面、领底绒 45° 斜裁
无纺衬	大、里兜牙子、手巾兜、大、小袖袖口	经

二、男西服裁剪工艺要求

1. 经纬纱向要求

前身：经纱以领口宽线为准，不允斜。

后身：经纱以腰节下背中线为准，偏斜不大于 0.5cm，条格料不允斜。

袖子：经纱以前袖缝为准，大袖片偏斜不大于 1.0cm，小袖片偏斜不大于 1.5cm（特殊工艺除外）。

领面：纬纱偏斜不大于 0.5cm，条格料不允斜。

袋盖：与大身纱向一致，斜料左右对称。

挂面：以驳头止口处经纱为准，不允斜。

2. 对条、对格要求

面料有明显条、格在 1.0cm 及以上的按表 10-5-6 中规定。

表 10-5-6　对条、对格要求

部位	对条、对格要求
左右前身	条料对条，格料对横，互差不大于 0.3cm
手巾袋与前身	条料对条，格料对横，互差不大于 0.2cm
大袋与前身	条料对条，格料对横，互差不大于 0.3cm
袖与前身	袖肘线以上与前身格料对横，两袖相差不大于 0.5cm
袖缝	袖肘线以上，后袖缝格料对横，互差不大于 0.3cm
背缝	以上部为准，条料对条，格料对横，互差不大于 0.2cm
背缝与后领面	条料对条，互差不大于 0.2cm
领子、驳头	条格料左右对称，互差不大于 0.2cm
摆缝	袖窿以下 10cm 处，格料对横，互差不大于 0.3cm
袖子	条格顺直，以袖山为准，两袖互差不大于 0.5cm

注：面料有明显条、格在 0.5cm 及以上的，手巾袋与前身条料对条，格料对格，互差不大于 0.1cm。特殊设计不受此限。

4. 倒顺毛、阴阳格要求

原料顺向要一致。

三、男西服裁剪步骤

第 1 步，面 1、面 2 排板、画板、裁剪（图 10-5-1 ～ 图 10-5-3）。

第 2 步，里料 1、里料 2 排板、画板、裁剪（图 10-5-4 ～ 图 10-5-6）。

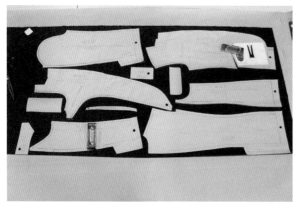

图 10-5-1　男西服面料排板

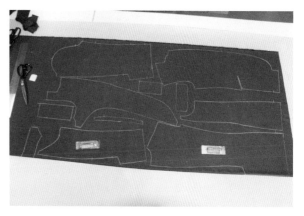

图 10-5-2　男西服面料画板

图 10-5-3　男西服面料裁剪

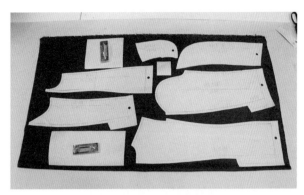

图 10-5-4　男西服里料排板

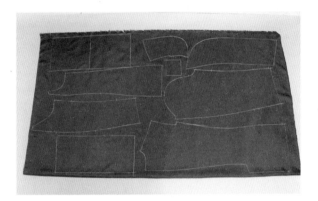

图 10-5-5　男西服里料画板

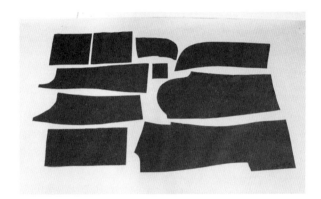

图 10-5-6　男西服里料裁剪

第 6 节　男上装（男西服）缝制

一、男西服缝制工艺流程

男西服缝制工艺流程见表 10-6-1。

表 10-6-1　男西服缝制工艺流程

工序	缝制流程		
准备工作	·审核纸样　　　　·裁剪面料 ·裁剪里料　　　　·裁剪辅料		
制作男西服	男西服面		男西服里
	裁片检查及粘胶→打线钉→做前片→做后片→前后片绱合→缲领子→缲袖子→缲垫肩→手针工艺→整烫→锁眼钉扣		前身里料与过面绱合→挖里兜→绱合前后身里料→绱合袖里料
重点部位工艺流程	做前片	缲省道→分烫省道→绱腋下小片→推门→覆牵条→做大袋→做手巾袋→覆衬→绱里料做里袋→勾止口、翻止口	
	做后片	缲合后中缝→归拔后片→做后开气	
	做领子	拼接领面→归拔领底绒→领面领绒缝合	
	做袖子	归拔大袖→绱合前袖缝→扣袖口贴边→做袖开衩→绱合后袖缝→绱合袖里料→袖口里料与面绱合→固定袖缝	

二、男西服缝制步骤及难点分析

第 1 步，做标记。制作前先净片，刀口要准，丝道要直顺，所有裁片要复板、核对尺寸单。按样板分别在前片省位、兜位、扣位、驳口线、腰节、袖中线、袖肘线、对刀口的位置、做缝位置处做剪口和标记。

第 2 步，粘衬。粘衬工艺按表 10-6-2 执行。

表 10-6-2　男西服粘衬工艺流程

粘衬部位	备注
前中、腋下、过面、领面、领绒、后领口、后袖隆	有纺衬
兜盖里、大兜牙子、里兜牙子、手巾兜、大、下袖扣	无纺衬
子口、驳口	1.0 ~ 1.5cm 嵌条
前后袖隆	子母嵌条

注：1. 压烫条件（参考）：温度为 130 ~ 140℃，压力为 150 ~ 250kPa，持续时间为 15 ~ 18。

　　2. 干热尺寸变化率试验采用"衬＋标准面料"压烫方式。

第 3 步，排板。划皮、裁剪（面料、里料、有纺衬、无纺衬），前片扩裁 1cm（需要粘衬）。

第 4 步，粘衬完毕后净片。

第 5 步，打线钉。需打线钉部位有驳头线、省线、兜口、后开气。

第 6 步，粘嵌条。需粘嵌条部位有驳头线（向里 1cm、驳头线长度）、袖隆（略拉紧嵌条）、门襟止口（向里 1cm、在底摆有弧度的地方要稍拉紧嵌条）、前肩、领口（图 10-6-1）。

第 7 步，做兜盖、兜牙子。面料、里料都要粘衬，兜盖的两边圆角面要有少许吃量（防止外翻翘），然后做珠针（图 10-6-2、图 10-6-3），板兜要粘塑质硬衬，按兜板尺寸裁净高温粘牢、扣净。

第 8 步，挖兜。板兜按线钉位置与大身固定（图 10-6-4），兜口宽度 1cm 处固定垫兜两线平行（注意：垫兜靠近门襟的线止点要比另一条短 0.2cm）（图 10-6-5），开兜口（图 10-6-6），封兜口结子（图 10-6-7）。将做好的兜盖、垫兜对准线钉（图 10-6-8），放到红外线开兜机上即可，机器自动开刀、自动完成开兜程序（图 10-6-9、图 10-6-10）。

第 9 步，巩固定型。需要巩固定型的部位有底摆、袖口、开气（按折边宽度粘衬）、后背（按板粘衬）。

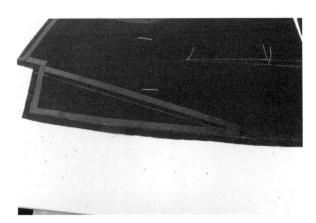

图 10-6-1　粘嵌条

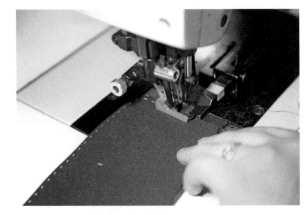

图 10-6-2　兜盖做珠针

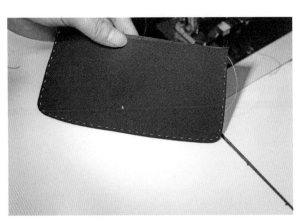

图 10-6-3　兜盖珠针完成图

图 10-6-4　板兜按线钉位置与大身固定

图 10-6-5　缉垫兜

图 10-6-6　开兜口

图 10-6-7　封兜口结子

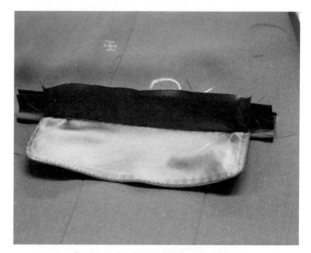

图 10-6-8　兜盖、垫兜对准线钉

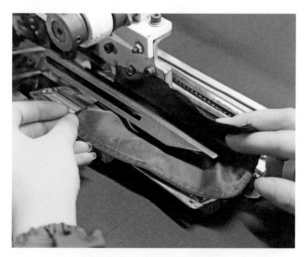

图 10-6-9　自动完成开兜程序

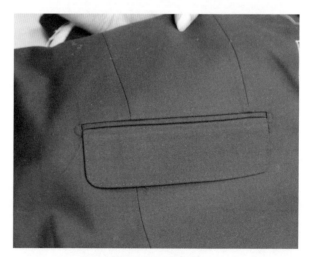

图 10-6-10　完成挖兜

第10步，覆胸衬。先将衬缩水晒干、定型，将麻衬与大身翻驳线上的嵌条固定（图10-6-11），麻衬底部也与大身固定，肩部先不固定，垫肩大针迹固定到麻衬上，然后按板净片（图10-6-12～图10-6-15）。

第11步，前片里料。将粘好衬的过面与里料复合（注意：有弧度的地方里料不易过紧，略给点吃量）。确定里兜位置（图10-6-16），制作里兜（里料的双牙兜与大兜同样的程序）（图10-6-17），复合完毕珠针，兜口打结子，里兜挖制完成（图10-6-18）。

第12步，大身与过面复合。大身、过面重叠，以大身嵌条外线为标准缉线，驳领尖向下1.5cm处需吃过面0.2cm，门襟下摆弧度大的地方需要吃纵大身0.5cm（注意不要抻拉过面），完毕后烫平、固定（图10-6-19～图10-6-21）。

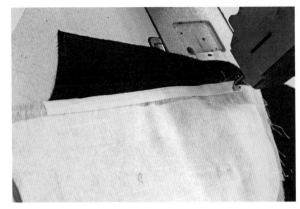

图10-6-11　将麻衬与大身翻驳线上的嵌条固定

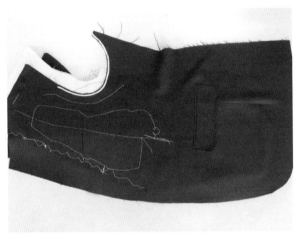

图10-6-12　覆衬完成图

图10-6-13　胸部定型

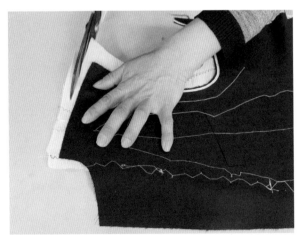

图10-6-14　按板净片1

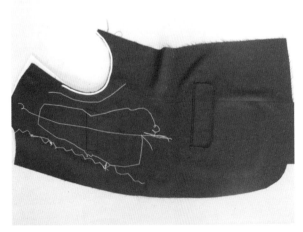

图10-6-15　按板净片2

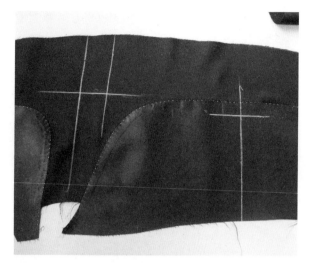

图 10-6-16　里兜位置

图 10-6-17　里兜制作

图 10-6-18　里兜完成图

图 10-6-19　子口缉珠针

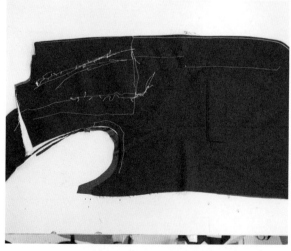

图 10-6-20　子口熨烫平整

图 10-6-21　驳嘴处效果

第13步，合后背。平缝至开气线钉处，打倒针（图10-6-22），按线钉烫平开气，再折底边，两折边重叠处烫对角线，在保证开气底角90°的情况下将压好的两条对角线复合（多余的净掉，留1cm做缝），开衩制作完成（图10-6-23～图10-6-25）。

第14步，合缝。首先合肩缝（肩宽两侧2cm处不得有吃纵现象），后肩有吃量，要均匀持平；前肩可打剪口烫平，合侧缝，合里料肩缝、侧缝。

第15步，做领子。领面拼接、分缝、缉明线（图10-6-26、图10-6-27），在粘好衬的领绒上沿领折线缉嵌条（图10-6-28、图10-6-29），按净板画好与领面重叠，按净线复合领尖1.5cm处需吃领面0.2cm（防止向外翻桥）（图10-6-30～图10-6-32），留绱领做缝1cm。

绱领要求：按净线与大身对齐复合平缝，不能有任何抻拉（图10-6-33、图10-6-34）。

图10-6-22　缉合后中缝

图10-6-23　开衩大襟

图10-6-24　开衩底襟

图10-6-25　开衩里料效果

图 10-6-26　领面拼接、分缝

图 10-6-27　沿缝分别缉 0.1cm 明线

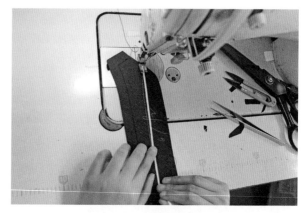

图 10-6-28　领绒沿折线缉嵌条

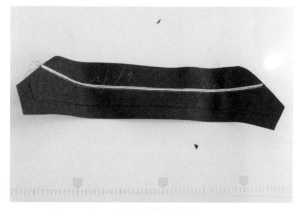

图 10-6-29　缉完嵌条的领绒

图 10-6-30　领绒与领面连接，领尖处略吃领面

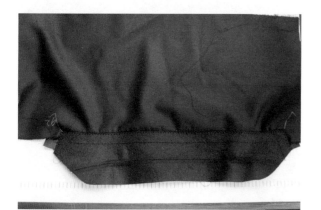

图 10-6-31　领绒与领面连接完成图

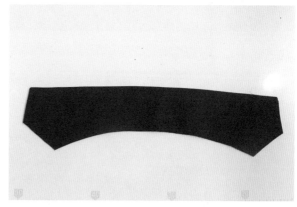

图 10-6-32　制作完成的领子

图 10-6-33　固定领口

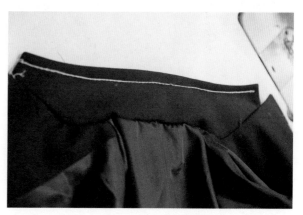

图 10-6-34　绱领完成图

第 16 步，做袖子。缝合大小袖片（图 10-6-35），将袖叉按线烫顺，袖口折边烫好，再将袖里料（缝合时要留 15cm 的开口）与面复合到一起（图 10-6-36），用 1.5cm 纯棉布斜条抽袖山，按袖吃量大小抽（例如，量袖上口是 45cm，大身袖窿周长 40cm，那么袖子一圈就要吃 45 - 40 = 5cm 的量）。上袖剪口两侧 5cm 处要吃满而圆顺，依次逐渐减少，上袖点对准剪口，小袖上的剪口对准大身上袖点（图 10-6-37、图 10-6-38），绱袖棉条，绱垫肩（图 10-6-39），绱袖里料。

第 17 步，固定。过面与大身固定（针迹不允许暴露），固定上领口，固定肩缝（图 10-6-40），固定袖窿缝，固定侧缝，固定后背缝，固定袖口折边，固定大袖缝，固定底摆折边。

第 18 步，把西装整体翻过来，将袖开口封上，然后将前止口烫平做珠针，按板划扣位、扣眼位，再锁眼、钉扣（钉扣时要留 0.5cm 的线柱）。

第 19 步，整烫。整烫的专业设备有胸部定型机、肩部定型机（图 10-6-41、图 10-6-42）、前身定型机（图 10-6-43）、后背定型机（图 10-6-44）、领部定型机（图 10-6-45）、袖缝定型机（图 10-6-46、图 10-6-47）。

图 10-6-35 缝合大小袖片

图 10-6-36 袖里料与面复合到一起

图 10-6-37 绱袖子 1

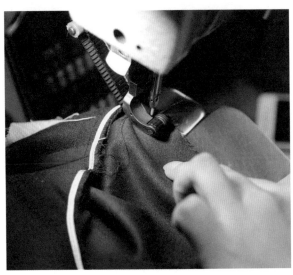

图 10-6-38 绱袖子 2

图 10-6-39 固定垫肩

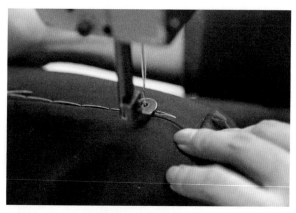

图 10-6-40　固定肩缝

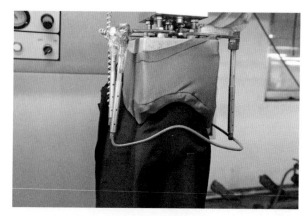

图 10-6-41　肩部定型

图 10-6-42　肩部定型完成

图 10-6-43　前身定型

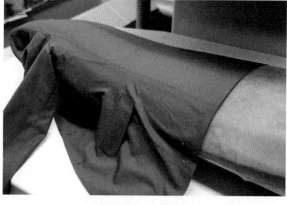

图 10-6-44　后背定型

图 10-6-45　领部定型

图 10-6-46　小袖缝定型

图 10-6-47　大袖缝定型

第7节 男上装（男西服）设计与制作评价

一、男西服设计评价标准

男西服设计评价标准见表10-7-1。

表10-7-1 男西服设计评价标准表

项目名称	评价内容	自评/互评（5分）			师评（5分）			总评（5分）
		优秀（1分）	合格（0.5）	不合格（0分）	优秀（1分）	合格（0.5）	不合格（0分）	
男西服设计	1. 款式设计主题体现							
	2. 结构造型设计、细节设计的合理性及绘制的效果							
	3. 色彩搭配绘制效果							
	4. 面辅料搭配及绘制效果							
	5. 整体元素设计及搭配效果							

二、男西服制作工艺标准

1. 男西服外观质量要求（表10-7-2）

表10-7-2 男西服外观质量要求

部位名称	外观质量要求
领子	领面平复，领窝圆顺，左右领尖不翘
驳头	串口、驳口顺直，左右驳头宽窄对称，领嘴大小对称，领翘适宜
止口	顺直平挺，门襟不短于底襟，不搅不豁，两圆头大小一致
前身	胸部挺括、对称，面、里、衬服帖，省道顺直
袋、袋盖	左右袋高、低、前、后对称，袋盖与袋口宽相适应，袋盖与大身的花纹一致
后背	平服
肩	肩部平服，表面没有褶，肩缝顺直，左右对称
袖	绱袖圆顺，吃势均匀，两袖前后、长短一致

2. 男西服缺陷判定依据（表10-7-3）

表10-7-3 男西服缺陷判定依据

项目	序号	轻缺陷	重缺陷	严重缺陷
辅料	1	缝纫线色泽、色调与面料不相适应；钉扣线与扣色泽、色调不适应	里料、缝纫线的性能与面料不适应	—
锁眼	2	锁眼间距互差大于0.4cm；偏斜大于0.2cm，纱线绽出	跳线；开线；毛漏；漏开眼	—
钉扣及附件	3	扣与眼位互差大于0.2cm（包括附件等）；钉扣不牢	扣与眼位互差大于0.5cm（包括附件等）	纽扣、金属扣脱落（包括附件等）；金属件锈蚀
对格对条	4	对格对条超过标准规定50%及以内	对格对条超过标准规定50%以上	面料倒顺毛，全身顺向不一致
拼接	5	—	拼接不符合规定	
外观及缝制质量	6	—	使用黏合衬部位脱胶、渗胶、起皱	使用黏合衬部位脱胶、渗胶、起皱，严重影响使用和美观
	7	领子、驳头面、衬、里松紧不适宜；表面不平挺	领子、驳头面、衬、里松紧明显不适宜，不平挺	
	8	领口、驳口、串口不顺直；领子、驳头止口反吐	—	

项目	序号	轻缺陷	重缺陷	严重缺陷
外观及缝制质量	9	领尖、领嘴、驳头左右不一致，尖圆对比互差大于0.3cm；领豁口左右明显不一致	—	—
	10	领窝不平服、起皱；绱领（领肩缝对比）偏斜大于0.5cm	领窝严重不平服、起皱；绱领（领肩缝对比）偏斜大于0.7cm	—
	11	领翘不适宜；领外口松紧不适宜；底领外露	领翘严重不适宜；底领外露大于0.2cm	—
	12	肩缝不顺直；不平服	肩缝严重不顺直；不平服	—
	13	两肩宽窄不一致，互差大于0.5cm	两肩宽窄不一致，互差大于0.8cm	—
	14	胸部不挺括，左右不一致；腰部不平服；省位左右不一致	胸部严重不挺括；腰部严重不平服	—
	15	袋位高低互差大于0.3cm，前后互差大于0.5cm	袋位高低互差大于0.8cm，前后互差大于1.0cm	—
	16	袋盖长短、宽窄互差大于0.3cm；口袋不平服、不顺直；嵌线不顺直，宽窄不一致；袋角不整齐	袋盖小于袋口（贴袋）0.5cm（一侧）或小于嵌线；袋布垫料毛边无包缝	—
	17	门襟和里襟不顺直、不平服；止口反吐	止口明显反吐	—
	18	门襟长于里襟，西服大于0.5cm，大衣大于0.8cm；里襟长于门襟；门里襟明显搅豁	—	—
	19	底边明显宽窄不一致、不圆顺；里料底边宽窄明显不一致	里料短，面明显不平服，里料长，明显外露	—
	20	绱袖不圆顺，吃势不适宜；两袖前后不一致大于1.5cm；袖子起吊、不顺	绱袖明显不圆顺；两袖前后明显不一致大于2.5cm。袖子明显起吊、不顺	—
	21	袖长左右对比互差大于0.7cm；两袖口对比互差大于0.5cm	袖长左右对比互差大于1.0cm；两袖口对比互差大于0.8cm	—
	22	后背不平、起吊；开衩不平服、不顺直；开衩止口明显搅豁；开衩长短互差大于0.3cm	后背明显不平服、起吊	—
	23	衣片缝合明显松紧不平；不顺直；连续跳针（30cm内出现两个单跳针按连续跳针计算）	表面部位有毛、脱、漏；缝份小于0.8cm；链式线迹跳针有1处	表面部位有毛、脱、漏，严重影响使用和美观
	24	有叠线部位漏叠2处（包括2处）以下；衣里有毛、脱、漏	有叠线部位漏叠2处	—
	25	明线宽窄、弯曲	明线接线	—
	26	滚条不平服，宽窄不一致	—	—
	27	轻度污渍；熨烫不平服；有明显水花、亮光；表面有大于1.5cm的连根线头3根以上	有明显污渍，污渍大于2cm²；水花大于4cm²	有严重污渍，污渍大于30cm²；烫黄等严重影响使用和美观

注：1. 严重缺陷为无商标、烫黄、破损等。

　　2. 上述各类缺陷按序号各记一处。

　　3. 凡丢工、少序、错序均为重缺陷。

三、男西服缝制质量评价标准

男西服缝制质量评价标准见表 10-7-4。

表 10-7-4　男西服缝制质量评价表

项目名称	评价内容	自评／互评（10分）			师评（10分）			总评（10分）
		优秀（1分）	合格（0.5）	不合格（0分）	优秀（1分）	合格（0.5）	不合格（0分）	
男西服缝制质量	1.各部位裁剪规格							
	2.大兜、手巾兜制作							
	3.里兜制作							
	4.覆衬平服、挺括							
	5.止口圆顺、长短适宜、眼皮大小、无倒吐							
	6.侧缝、肩缝、下摆顺直							
	7.里料眼皮、倒向、距下摆宽窄，松紧适宜							
	8.领子制作、安装，三角针							
	9.袖子制作、安装，袖里料扦线							
	10.固定各缝、手针、整烫、钉扣							

习题

1.尝试创作男西服设计效果图 1 张。

2.参照效果图完成款式图的绘制 1 张。

3.完成男西服制板 1 张。

4.在规定时间完成指定男西服款式制作 1 件。

5.简述男西服的质量标准。

参 考
文 献

[1] 窦茹真. 中国纺织标准汇编 [M]. 北京：中国标准出版社，2011.

[2] 肖琼琼. 服装设计理论与实践 [M]. 北京：北京理工大学出版社，2010.

[3] 唐伟，刘琼，曹罗飞. 时装设计效果图手绘表现技法 [M]. 北京：人民邮电出版社，2014.

[4] 白嘉良，王雪梅. 服装工业制板 [M]. 北京：清华大学出版社，2009.

[5] 李正，王巧，周鹤. 服装工业制板 [M]. 上海：东华大学出版社，2015.

[6] 鲍卫君，陈荣富. 服装裁剪实用手册——上装篇 [M]. 上海：东华大学出版社，2012.

[7] （美）凯瑟琳·哈根，朱莉·霍林格. 国际服装效果图表现技法 [M]. 上海：东华大学出版社，2016.

[8] 王群山，孙宁宁，马建栋. 服装设计效果图表现技法 [M]. 北京：化学工业出版社，2015.

[9] 胡晓东. 服装设计图人体动态与着装表现技法 [M]. 武汉：湖北美术出版社，2009.

[10] 唐伟，胡忧，孙石寒. 时装设计效果图手绘表现技法 [M]. 北京：人民邮电出版社，2018.

[11] 陈霞. 服装生产工艺与流程 [M]. 第 2 版. 北京：中国纺织出版社，2014.

[12] 戴鸿. 服装号型标准及其应用 [M]. 第 3 版. 北京：中国纺织出版社，2009.